JN226412

すぐわかる
応用計画数学

工学博士　秋山　孝正　編著

博士（工学）　奥嶋　政嗣
博士（工学）　武藤　慎一　共著
博士（工学）　井ノ口弘昭

コロナ社

ま　え　が　き

大学教育課程は，学部・学科に対応した特定専門分野の知識を学習するところであり，教科書には特定分野の高度な知識が記載されるというプロトタイプは，高度情報化・多様化した社会システムを考えるうえで有益であろうか。むしろ，現代社会のシステムは複雑であり，特定分野の知識だけで問題を解決できることは稀なのではないかと考えている。

そもそも，私たちは，他分野の学習をしたからといって，研究分野が異なるので，やめたほうがよいと咎められるようなことはないはずである。むしろ，社会システムをいくつもの分野の知識からとらえることができる能力を学ぶことは，応用的価値を向上させることにつながるのではないかと考える。

これまで，特定の研究分野に限定せず，計画数学の基礎知識をわかりやすく整理した『すぐわかる計画数学』（コロナ社，1998 年）が出版され，社会システムの計画における数理的解析の理解に大きな役割を果たしてきた。

上記の書籍の共編著者である故 上田孝行先生（元・東京大学教授）は，土木計画学と経済学を統合した土木経済学を計画の基礎科目として構成することを提唱されていた。すなわち，数理的モデルの基礎を踏まえて，経済分析の技術論を社会システムに応用しようとする試みであると思う。

研究分野が異なると，同じ内容でも用語も相違することがある。例えば，社会システムにおける意思決定者は，プレーヤーとも消費者ともいわれる。分析の出発点の用語が相違すると，異なる理論体系のように思われる。しかしながら，経済分析モデルの意思決定と，数理計画モデルの意思決定は形式は異なるが，同一の行動帰結を与えている場合がある。すなわち，社会システムの問題には，数理的解釈と経済学的解釈が同時に存在している場合が多数見られる。この計画問題における多面的な理解は基礎技術の応用力を与えるものである。

本書では，計画数学の基本的知識を社会システム計画に応用するための方法を整理している。このため，応用的な数理計画として組合せ最適化問題と社会的意思決定のためのゲーム理論について講義する。つぎに，社会システムの解析に関して，基礎的な経済理論を学習する。さらに，計画プロジェクトの評価では応用的な経済分析手法を学習する。また応用的な意味から，現実の社会システムとして都市交通システムの解析方法について学習する。したがって，本書は，社会システム計画の応用的解析技術と現実的な問題解決法の理解を目的としている。

基礎理論を論述した前書の出版から多数の年月を経て，近年では情報機器の利用が日常的となっている。そのため数理的な教科書について体系的理論を記載するだけでは現実の問題解決には不十分なので，本書では，パソコンを用いて，計算技術を実際に利用するための演習問題を掲載することにした。

本書の内容は，関西大学環境都市工学部の学部講義において，学生諸氏の理解を踏まえたうえで改良を重ねてきたものである。本書が計画分野における応用技術の習得を志す諸氏の理解を高めることを期待している。

本書の企画から出版まで，ご協力をいただいたコロナ社の皆様に感謝の意を表する次第である。

2017 年 10 月

編著者　秋山　孝正

目　　次

1. 社会的意思決定とゲーム理論

1.1　組合せ最適化問題 …… 1

1.1.1　数理計画問題 …… 1
1.1.2　組合せ最適化問題 …… 2
1.1.3　列挙法による解法 …… 4
1.1.4　分枝限定法による解法 …… 5
1.1.5　その他の組合せ最適化問題 …… 9

1.2　ゲーム理論の基礎知識 …… 10

1.2.1　ゲームの定義 …… 10
1.2.2　二人ゼロ和ゲーム …… 12
1.2.3　二人ゼロ和ゲームの定式化 …… 12
1.2.4　ゲームの均衡（ナッシュ均衡） …… 14
1.2.5　非ゼロ和ゲーム（囚人のジレンマゲーム） …… 15
1.2.6　パレート最適性 …… 15

1.3　ゲーム理論と数理計画法 …… 16

1.3.1　混合戦略のゲーム …… 17
1.3.2　ミニマックス定理 …… 17
1.3.3　混合戦略のゲームの解法 …… 18
1.3.4　数理計画法による定式化 …… 20

演　習　問　題 …… 22

2. 社会システムの経済分析

2.1　経済分析の基本概念 ………… 26
2.1.1　経済主体と市場 ………… 26
2.1.2　合理的な行動とは ………… 27
2.1.3　経済分析の方法 ………… 28
2.2　消費者行動の理論 ………… 29
2.2.1　消費者行動と効用 ………… 29
2.2.2　限　界　効　用 ………… 30
2.2.3　無 差 別 曲 線 ………… 31
2.2.4　予　算　制　約 ………… 32
2.2.5　消費者行動の記述 ………… 33
2.2.6　効用最大化問題 ………… 34
2.2.7　需要関数と価格弾力性 ………… 35
2.2.8　支出最小化問題 ………… 36
2.2.9　需要関数の変化 ………… 38
2.2.10　消費者行動のまとめ ………… 39
2.3　生 産 者 の 行 動 ………… 40
2.3.1　生　産　関　数 ………… 40
2.3.2　価格受容者と価格決定者 ………… 41
2.3.3　利 潤 最 大 化 ………… 41
2.3.4　費　用　関　数 ………… 43
2.3.5　生 産 量 の 決 定 ………… 44
2.3.6　生産物の供給曲線 ………… 44
2.4　社会システムの外部性 ………… 45
2.4.1　市場の需要曲線と供給曲線 ………… 46
2.4.2　市 場 の 安 定 性 ………… 47
2.4.3　完 全 競 争 市 場 ………… 48
2.4.4　公共財と最適供給 ………… 49
2.4.5　外 部 不 経 済 ………… 50
2.4.6　余　剰　分　析 ………… 51

2.4.7　外部効果の補正 ………… 54
2.4.8　コースの定理 ………… 55
2.4.9　不完全競争の理論 ………… 56
2.5　一般均衡分析 ………… 57
2.5.1　一般均衡分析の問題 ………… 57
2.5.2　厚生経済学の基本定理 ………… 60
演習問題 ………… 61

3. プロジェクト評価手法

3.1　プロジェクト評価と費用便益分析 ………… 65
3.1.1　プロジェクト評価の概要 ………… 65
3.1.2　プロジェクトの効果 ………… 66
3.1.3　便益の計測 ………… 69
3.1.4　総便益の計測 ………… 74
3.1.5　費用便益分析の評価指標 ………… 75
3.2　財務分析と便益帰着構成表 ………… 77
3.2.1　財務分析 ………… 77
3.2.2　便益帰着構成表 ………… 80
3.3　消費者余剰変化と利用者便益 ………… 83
3.3.1　EV，CVと消費者余剰変化 ………… 83
3.3.2　消費者余剰変化による利用者便益の計測 ………… 86
3.4　非市場財の便益評価 ………… 88
3.4.1　旅行費用法 ………… 89
3.4.2　ヘドニック価格法 ………… 94
3.4.3　CVM ………… 99
3.5　社会的厚生関数と意思決定 ………… 106
3.5.1　帰結主義と非帰結主義 ………… 106
3.5.2　社会的厚生関数 ………… 108
演習問題 ………… 117

4. 都市交通の経済分析

4.1　交通行動の数理モデル……122
4.1.1　離散選択モデルの定式化……122
4.1.2　交通行動の観測データ……124
4.1.3　モデルパラメータの推定法……125
4.1.4　モデルパラメータの推定手順……126
4.1.5　モデルパラメータの推定計算例……128
4.1.6　パラメータ推定値の検定とモデルの適合度……130
4.1.7　非集計モデルに関する重要事項……131
4.2　鉄道交通の経済分析……134
4.2.1　基礎事項の復習……134
4.2.2　交通の費用……135
4.2.3　交通サービスの費用逓減……137
4.2.4　鉄道の運賃……138
4.2.5　総括原価主義……139
4.2.6　インセンティブ規制……141
4.3　道路交通の数理モデル……143
4.3.1　リンクパフォーマンス関数……143
4.3.2　道路ネットワークの記述……144
4.3.3　利用者均衡……145
4.3.4　数値計算例……147
4.3.5　利用者均衡条件……147
4.3.6　等価な数理計画問題……149
4.3.7　需要変動型の利用者均衡……150
4.3.8　数値計算例（需要変動型利用者均衡）……151
4.4　道路交通の経済分析……153
4.4.1　社会的限界費用……154
4.4.2　混雑料金の理論……155
4.4.3　混雑料金の社会的便益……156
4.4.4　需要変動型システム最適配分……157

4.4.5　道路網の混雑料金 …… 159
4.4.6　混雑料金の設定 …… 161
演　習　問　題 …… 161

付　　　録

付録A：ロアの恒等式とマッケンジーの補題（3章） …… 167
付録B：Excel ソルバーによる解法（演習問題） …… 170
引用・参考文献 …… 173
演習問題略解 …… 175
索　　　引 …… 185

執筆分担

秋山　孝正（関西大学）　1章，2章，4章
奥嶋　政嗣（徳島大学）　4.1節
武藤　慎一（山梨大学）　3章
井ノ口弘昭（関西大学）　演習問題

（所属は2017年12月現在）

1 社会的意思決定とゲーム理論

本章では，社会的意思決定の問題を取り扱う。特に社会システムの意思決定者が単独の主体であるときには，いわゆる数理計画の問題として解くことができる。なお，連続変数を用いた一般の数理計画問題については，関連書籍に紹介されているので[1)†]，ここでは離散的な数による数理計画問題について述べる。一方で，社会システムの中には，多数の意思決定者が参加する計画問題もある。この場合にはゲーム理論の考え方が必要になる。本章では，これらを順に説明する。

1.1 組合せ最適化問題

1.1.1 数理計画問題

単独の主体に関する社会システムの意思決定問題を整理するため，数理計画問題の基本的手法の要点について述べる。

数理計画問題は，一般的には目的関数といくつかの制約条件で定式化できる。例えば，つぎのような問題を考えよう。

$$
\begin{cases}
\max\ z = 5x_1 + 3x_2 \\
\text{s.t.}\quad x_1 + x_2 \leqq 8 \\
\qquad 2x_1 + x_2 \leqq 12 \\
\qquad\qquad x_2 \leqq 6 \\
\qquad x_1 \geqq 0,\quad x_2 \geqq 0
\end{cases}
\tag{1.1}
$$

† 肩付き数字は，巻末の引用・参考文献を表す。

この問題は，目的関数・制約条件がすべて線形関数で書かれており，**線形計画問題**（linear programming problem，**LP**）といわれる。したがって，シンプレックス法などの方法で解が得られる。一方で，目的関数・制約条件に非線形関数が含まれる場合には，**非線形計画問題**（nonlinear programming problem，**NLP**）となり，Kuhn–Tucker 条件を用いて解くことができる。これらの基本的解法については，関連書籍を参考にしていただきたい[1),2)]。

1.1.2　組合せ最適化問題

ところで，上記の数理計画問題は，じつは変数が整数であるときは簡単に解けない。ここでは，現実の社会システム計画の中で，連続的な変数ではなく1個，2個と数えるような変数を考える。すなわち，変数が整数値しかとらない問題を考える。これを**離散最適化問題**（discrete optimization problem），あるいは**整数計画問題**（integer programming problem）という。さらに，離散最適化問題が，組合せ的性質を持つ場合には，**組合せ最適化問題**（combinatorial optimization problem）と呼ばれる[3),4)]。

例えば，連続変数の標準形の線形計画問題（LP）は次式のように書くことができる。

$$\begin{cases} \min\ z = cx \\ \text{s.t.}\quad Ax = b \\ \qquad\quad x \geqq 0 \end{cases} \tag{1.2}$$

つぎに，同じ線形計画問題を離散的変数で表現する場合には，次式のようになる。

$$\begin{cases} \min\ z = cx \\ \text{s.t.}\quad Ax = b \\ \qquad\quad x_j : \text{非負整数} \quad (j = 1, 2, \cdots, n) \end{cases} \tag{1.3}$$

この問題の変数は連続変数ではなく，離散変数（0, 1, 2, …）であり，この点を考慮した効率的な解法が必要である。また，現実プロジェクト（道路網計画，都市計画など）では，離散的な意思決定問題が多数存在する。

つぎに，具体的な組合せ最適化問題を考える。公共事業プロジェクト（A, B, C, …）の組合せ最適化により社会的便益を最大にするという問題を取り上げる。このときは，各変数はつぎのように定義できる。

$$x_j=\begin{cases}1 & (\text{計画 } j \text{ を実行する}) \\ 0 & (\text{計画 } j \text{ を実行しない})\end{cases} \tag{1.4}$$

ここで，各プロジェクト j の費用を a_j，社会的便益を c_j として，予算額を b とするとき，この問題はつぎのように定式化できる。

$$\begin{cases}\max\ z=\sum_{j=1}^{n} c_j x_j & (\text{社会的便益最大}) \\ \text{s.t.}\quad \sum_{j=1}^{n} a_j x_j \leqq b & (\text{予算制約}) \\ \qquad x_j \in \{0,1\} \quad (j=1,2,\cdots,n) & \end{cases} \tag{1.5}$$

この問題は，袋の中に「効用」が大きくなるように品物を入れるという問題の形式から，**ナップサック問題**（knapsack problem）といわれる。この問題は，離散変数の問題であり，簡単に解くことが難しい。

一方で，変数が連続数である場合は，**連続ナップサック問題**（continuous knapsack problem）となり，最適解は比較的簡単に求めることができる。連続ナップサック問題はつぎのように定式化できる。

$$\begin{cases}\max\ z=\sum_{j=1}^{n} c_j x_j \\ \text{s.t.}\quad \sum_{j=1}^{n} a_j x_j \leqq b \\ \qquad 0 \leqq x_j \leqq 1 \quad (j=1,2,\cdots,n)\end{cases} \tag{1.6}$$

なお，変数 x_j の値が 0～1 の連続量となっていることに注意する。

このとき，変数 x_j の効率 c_j/a_j を $c_1/a_1 \geqq c_2/a_2 \geqq \cdots \geqq c_n/a_n$ となるように並べ替えておくと，最適解は $(x_1, x_2, x_3, x_4, \cdots, x_n)$ の順に $x_j=1$ とおく。さらに，$\sum_{j=1}^{q-1} a_j < b$，$\sum_{j=1}^{q} a_j \geqq b$ となる $j=q$ を整数でない値とする。すなわち，連続ナッ

プサック問題の最適解は，つぎのように表せる。

$$x_j = \begin{cases} 1 & (j=1, 2, \cdots, q-1) \\ \dfrac{b - \sum_{j=1}^{q-1} a_j}{a_q} & (j=q) \\ 0 & (j=q+1, q+2, \cdots, n) \end{cases} \tag{1.7}$$

すなわち，最適解は（$1, 1, 1, \cdots, x_q, 0, 0, 0, \cdots$）となり，$x_q$ が実数値である。

このように，整数計画問題を直接解くことが難しい場合，取り扱いやすい連続変数を用いた**緩和問題**（relaxation problem）を考えることができる。これを**連続緩和問題**（continuous relaxation problem）という。

1.1.3　列挙法による解法

つぎに，以下のような実際の組合せ最適化問題を解いてみる。

$$\begin{cases} \max\ z = 4x_1 + 5x_2 + x_3 + 3x_4 \\ \text{s.t.}\quad 2x_1 + 3x_2 + x_3 + 4x_4 \leqq 4 \\ \qquad x_j \in \{0, 1\} \quad (j=1, 2, 3, 4) \end{cases} \tag{1.8}$$

この問題では，各変数 x_j のとりうる値は 0 または 1 の 2 値である。また，この問題は $x_1 \sim x_4$ の 4 変数問題なので，すべての解の組合せ総数は $2^4 = 16$ 通りである。この問題の場合は，解をすべて列挙して，実行可能解のうちで目的関数が最大のものを見つけることができる。これを**列挙法**（enumeration method）という。この組合せ最適化問題のすべての解を列挙すると，**図 1.1** のようになる。制約条件を満たさない実行不能な解を除いて，最適解は $z=6$，$(x_1, x_2, x_3, x_4) = (0, 1, 1, 0)$ であることがわかる。

一般に，離散変数の数を n とすると，場合分けの総数は 2^n となる。つまり，変数の数が大きくなると解の組合せは膨大となる。したがって，列挙法を用いて最適解が得られるのは比較的小規模な問題に限られる。そのため，一般的な離散最適化問題の解法として，以下に分枝限定法を説明する。

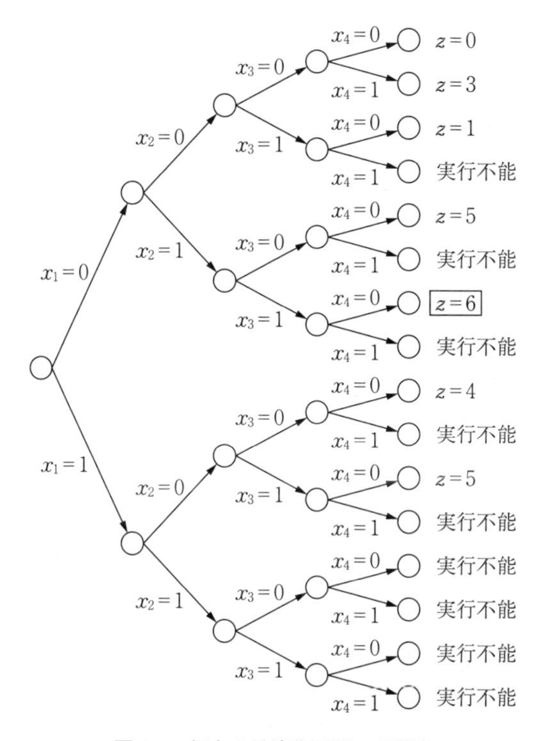

図 1.1　組合せ最適化問題の列挙法

1.1.4　分枝限定法による解法

つぎに，組合せ最適化問題を直接解くことが難しい場合，問題をいくつかの**部分問題**（partial problem）に分解し，それらを解くことによりもとの問題を解く方法を**分枝限定法**（branch and bound method）という。

具体的には

① **分枝操作**（branching operation）：ある問題から部分問題を生成する

② **限定操作**（bounding operation）：最適解を与える見込みのない問題を対象から除く

という操作で構成される。

ここで，最適解を与える見込みのない場合を**終端**，最適解の探索を継続する

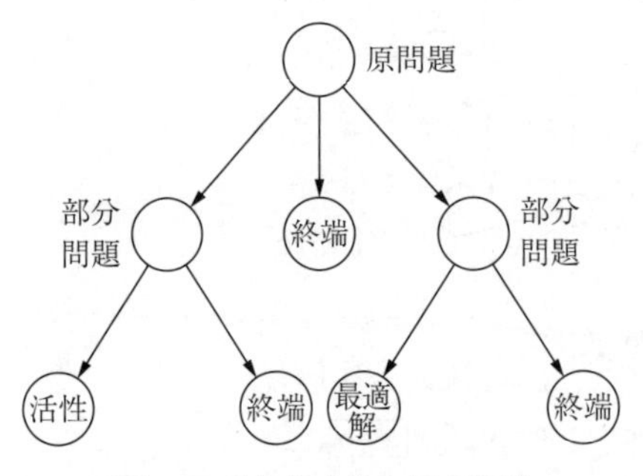

図 1.2　分枝限定法の探索過程

場合を**活性**と呼ぶ。具体的には，**図 1.2** に示すように分枝操作と限定操作を繰り返しながら，最適解を探索する。

この探索過程において，もとの問題の現時点までの最もよい実行可能解を**暫定解**と呼ぶ。

さらに探索過程で原問題を部分問題に分解して，活性な部分問題がない場合に探索を終了する。

この離散変数の部分問題を直接解くことが難しい場合には，取り扱いやすい連続緩和問題を考える（式 (1.6) 参照)。すなわち

$$\begin{cases} \max\ z = cx \\ \text{s.t.}\quad Ax \leqq b \\ \qquad x \in \widehat{X}_k \quad \left(X_k \subset \widehat{X}_k\right) \end{cases} \tag{1.9}$$

上式は，もとの問題を連続変数問題として書き直したものである。ここで，$z_k{}^* \leqq \hat{z}_k{}^*$（もとの問題の最適解＜連続緩和問題の最適解）が成立している。

分枝限定法のアルゴリズムを**図 1.3** に示す[3]。このアルゴリズムに従って，問題を解いてみよう。原問題を P_0 とする。

$$P_0 : \begin{cases} \max\ z = 4x_1 + 5x_2 + x_3 + 3x_4 \\ \text{s.t.}\quad 2x_1 + 3x_2 + x_3 + 4x_4 \leqq 4 \\ \qquad x_j \in \{0, 1\} \quad (j = 1, 2, 3, 4) \end{cases} \tag{1.10}$$

つぎに，原問題の連続緩和問題を構成する。

$$P_0 : \begin{cases} \max\ z = 4x_1 + 5x_2 + x_3 + 3x_4 \\ \text{s.t.}\quad 2x_1 + 3x_2 + x_3 + 4x_4 \leqq 4 \\ \qquad 0 \leqq x_j \leqq 1 \quad (j = 1, 2, 3, 4) \end{cases} \tag{1.11}$$

$4/2 \geqq 5/3 \geqq 1/1 \geqq 3/4$ であるから，x_1, x_2, x_3, x_4 の順に，解を決定すると，

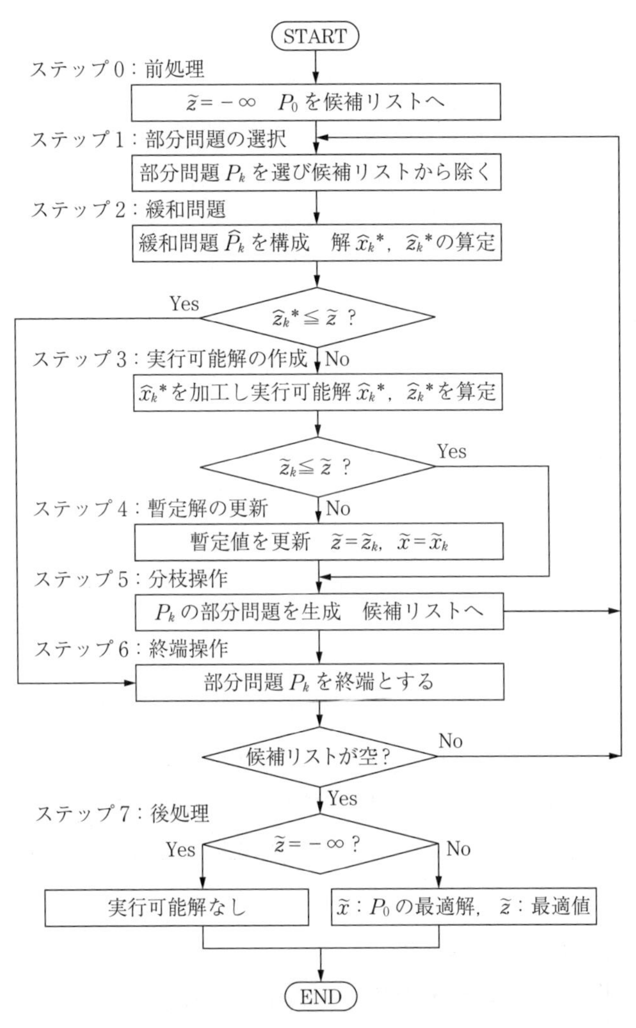

図1.3　分枝限定法のアルゴリズム

$(x_1, x_2, x_3, x_4)=(1, 2/3, 0, 0)$ が最適解である。このとき，$z^*=4+5\cdot(2/3)=22/3$となる。

つぎに，実際のアルゴリズムで，決めておくべき手順として，① 部分解からの近似解の作り方（加工する方法），② 部分問題の基準にする変数の決め方（分枝変数），③ 探索方法（部分問題の選び方）があげられる。これには，いろいろな方法が知られている[3),4)]。

ここでは，① 中間値となっている変数の値を 0 とする，② 中間値となっている変数に対して部分問題を構成する，③ 最新で生成された部分問題を採用する（深さ優先探索）による手順を紹介する。

すなわち，現時点の暫定解から，中間値となっている変数 x_2 を 0 とする手順により $(x_1, x_2, x_3, x_4)=(1, 0, 0, 0)$ として，$\tilde{z}=4$ となる。$z^* \leqq \tilde{z}$ ではないので，部分問題を構成する。このとき，中間値となっている変数 x_2 で部分問題を構成する。すなわち，$x_2=0$ とした部分問題 P_1 と，$x_2=1$ とした部分問題 P_2 を構成する。

さらに，**深さ優先探索**（depth-first search）では，最新で生成された部分問題 P_2 を採用する。したがって

$$P_2: \begin{cases} \max\ z=4x_1+x_3+3x_4+5 \\ \text{s.t.}\quad 2x_1+x_3+4x_4 \leqq 1 \\ x_j \in \{0,1\} \quad (j=1,3,4) \end{cases} \tag{1.12}$$

連続緩和問題の最適解は $(x_1, x_3, x_4)=(1/2, 0, 0)$，$z^*=4\cdot(1/2)+5=7$ となる。このときの暫定解は $(x_1, x_2, x_3, x_4)=(0, 1, 0, 0)$ より $\tilde{z}=5$ である。

つぎに，中間値となっている変数 x_1 で部分問題を構成する。$x_1=0, 1$ に対応して，部分問題 P_3, P_4 を構成する。深さ優先探索では，$x_1=1$ に対応した P_4 を解くことになる。

$$P_4: \begin{cases} \max\ z=9+x_3+3x_4 \\ \text{s.t.}\quad 5+x_3+4x_4 \leqq 4 \\ x_j \in \{0,1\} \quad (j=3,4) \end{cases} \tag{1.13}$$

ところが，この問題は制約条件を満たす解がないので（不能），つぎに示す $x_1=0$ に対応した部分問題 P_3 を処理する。

$$P_3: \begin{cases} \max\ z=5+x_3+3x_4 \\ \text{s.t.}\quad 3+x_3+4x_4 \leqq 4 \\ x_j \in \{0,1\} \quad (j=3,4) \end{cases} \tag{1.14}$$

このときは，整数解となり $(x_1, x_2, x_3, x_4)=(0, 1, 1, 0)$ である。したがって，暫定解の値は $\tilde{z}=6$ となる。

ここまでで，$x_2=1$ とした部分問題 P_2 より派生する部分問題の処理を終了する。そこで，$x_2=0$ とした部分問題 P_1 に戻ると

$$P_1: \begin{cases} \max\ z=4x_1+x_3+3x_4 \\ \text{s.t.}\quad 2x_1+x_3+4x_4 \leqq 4 \\ x_j \in \{0,1\} \quad (j=1, 3, 4) \end{cases} \tag{1.15}$$

連続緩和問題の解は $(x_1, x_3, x_4)=(1, 1, 1/4)$ であり，$z^*=4+1+3\cdot(1/4)=23/4 \leqq \tilde{z}=6$（暫定解が更新されない）となるので終端となる。

これらの過程を図示したものが**図 1.4** である。

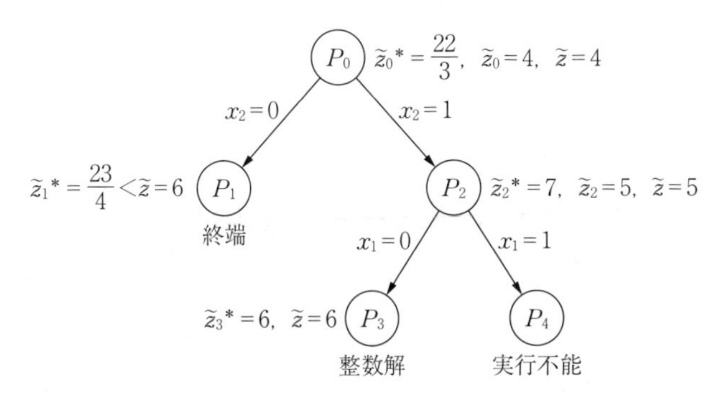

図 1.4 分枝限定法の探索過程

すなわち，部分問題を $P_2 \to P_4 \to P_3 \to P_1$ の順に解くことで，$(x_1, x_2, x_3, x_4)=(0, 1, 1, 0)$，$\tilde{z}=6$ であることがわかる。

1.1.5 その他の組合せ最適化問題

組合せ最適化問題は，さまざまな形式があり定式化が可能である。例えば，巡回セールスマン問題があげられる。

巡回セールスマン問題（traveling salesman problem, **TSP**）とは，いくつかの都市をつぎつぎに訪問して，最後に出発点に戻らなければならないときに，最短の距離で回る順序を決定する問題である。

すなわち都市：$C_1, C_2, \cdots, C_n$ があるときに，都市間の移動を $d_{ij}: C_i \to C_j$ として，全移動距離を最小化する問題であり

$$
\text{定式化：}\begin{cases} \min z = \sum_{(i,j)} d_{ij} x_{ij} \\ \text{s.t.} \quad \sum_{j=1}^{n} x_{ij} = 1 \quad (i = 1, 2, \cdots, n) \\ \qquad \sum_{i=1}^{n} x_{ij} = 1 \quad (j = 1, 2, \cdots, n) \\ \qquad x_{ij} \geqq 0 \quad \forall (i, j) \end{cases} \tag{1.16}
$$

となる。この場合も「分枝限定法」を用いることができる。

組合せ最適化問題が複雑であり，どのようなアルゴリズムを用いても解けないような場合がある。これを **NP 困難性**（NP hardness）という。規模の大きな組合せ最適化問題の解法には，**遺伝的アルゴリズム**（genetic algorithm）などのメタヒューリステックな方法も用いられる。

1.2　ゲーム理論の基礎知識

1.1 節までの数理最適化問題では，社会的意思決定として，特定の計画者（一人）の意思決定を想定してきた。現実社会では，複数の意思決定主体が関与する意思決定問題がある。このように複数の意思決定者が存在する問題をモデル化する理論が**ゲーム理論**（game theory）である。

1.2.1　ゲームの定義

通常，ゲームといえば囲碁・将棋，スマフォ（スマートフォン）ゲーム，携帯ゲームなどを指す。また，スポーツ分野では，野球の試合，サッカーの試合，オリンピック大会もゲームと呼ばれる。ここでは，「ゲーム理論」を考える。すなわち，「合理的人間からなる社会の人びとの行動の数学的理論」という意味である。したがって，ゲーム理論では複数の人間からなる社会の行動を

対象にしていることから，一人で行うスマフォゲームなどは対象とはしない。また同様に，ゲーム理論では個人の技術が結果に影響するスポーツのゲームなどは含まれない。

ここで，ゲームを構成する基本要素を説明する。プレーヤーとは「ゲームに参加して，独立に決定をくだす人」のことである。プレーヤーがとりうる行動のことを**戦略**（strategy）という。複数の戦略のどれかを実行する場合を**純粋戦略**（pure strategy），複数の戦略を混合して実行する場合を**混合戦略**（mixed strategy）という。また，ゲームの結果に対するプレーヤーの価値評価を**利得**（pay off）という。各プレーヤーの戦略の可能な組合せごとに，一つの利得値が定まり，行列で表される。この行列を**利得行列**（payoff matrix）という。

例えば，プレーヤーが二人の場合を考える。プレーヤーⅠは，戦略（α_1, α_2）を持ち，プレーヤーⅡは，戦略（β_1, β_2）を持つ。また，利得はプレーヤーごとに定まり，**表1.1**のようにまとめることができる。

表1.1 利得行列（その1）

Ⅰ ＼ Ⅱ	β_1	β_2
α_1	$(-1, -1)$	$(-10, 0)$
α_2	$(0, -10)$	$(-5, -5)$

表1.1では例えば，プレーヤーⅠが戦略α_1を選択し，プレーヤーⅡが戦略β_1を選択するとき，プレーヤーⅠは-1の利得（損失）があり，プレーヤーⅡは-1の利得（損失）があることを表している。

つぎに，ゲームの利得行列に関して，プレーヤーの利得が，つねに加えてゼロになる関係にあるとき，① **ゼロ和**（zero-sum）という。この場合，利得はたがいに符号が相反し利害は対立する。一般にゼロ和でない関係を，② **非ゼロ和**（non-zero-sum）という。また，ゲームの形式として，① **非協力ゲーム**（non-cooperative game）とは，たがいに相手の行動と同時に選択するか，あるいは相手の行動を知らないうちに選択し，行動を起こす前に協力の協定を結べないゲームである。また，② **協力ゲーム**（cooperative game）とは，協力が目的あるいは，前提（協定などにより）とされるゲームである。

また，ゲームの情報に関する分類として，① **完全情報ゲーム**（game with perfect information）：各プレーヤーが自分の手番で選択を行うに際して，それまでのプレーの結果をすべて知りうる場合と，② **不完全情報ゲーム**（game with imperfect information）：上記のようではない場合がある。

さらに，ゲーム構造に関する分類は，① **完備情報ゲーム**（complete information game）：ゲームの構造（プレーヤーの集合，戦略集合，利得関数，ルールなど）が**共有知識**（common knowledge）であるゲームと，② **不完備情報ゲーム**（incomplete information game）：ゲームの構造がプレーヤーの共有知識でないゲームに分類できる[5)~8)]。

1.2.2　二人ゼロ和ゲーム

ここでは，まず簡単な問題を考えよう。二人のプレーヤーⅠ，Ⅱを考える。このときの利得行列は**表 1.2** のとおりである。プレーヤーの利得の合計は，いずれの戦略の組合せにおいてもすべて 10 であるから，ゼロ和ゲームになっている。

表 1.2　利得行列（その 2）

Ⅰ＼Ⅱ	β_1	β_2
α_1	(5, 5)	(2, 8)
α_2	(8, 2)	(5, 5)

まず，プレーヤーⅠの立場から考える。プレーヤーⅠは，プレーヤーⅡの戦略が β_1 であるときは，利得の大きいほうの戦略 α_2 をとる。一方で，プレーヤーⅡの戦略が β_2 であるとき，戦略 α_2 をとる。すなわち，プレーヤーⅠにとっては，プレーヤーⅡの戦略にかかわらず，戦略 α_2 を選択するほうが有利である。このような場合，「戦略 α_2 は，戦略 α_1 を支配する（戦略 α_2 は**支配戦略**である）」という。

同様にプレーヤーⅡの立場から見ると，支配戦略は β_2 である。各プレーヤーの相手の戦略に対する支配戦略（最適応答）の組合せ (α_2, β_2) を**ナッシュ均衡点**という（1.2.4 項参照）。ナッシュ均衡点では，相手の戦略を変更しない限り，どのプレーヤーも自分だけが戦略を変更しても，利得を増加できない。

1.2.3　二人ゼロ和ゲームの定式化

非協力ゲームで完備情報である二人ゼロ和ゲームを考える。1.2.2 項で述べた最も基本的なゲームを一般的に定式化するものである。二人のプレーヤーを

Ⅰ，Ⅱとして，それぞれの戦略の集合を $\pi_1=\{\alpha_1, \alpha_2, \cdots, \alpha_m\}$，$\pi_2=\{\beta_1, \beta_2, \cdots, \beta_n\}$ とする。このときの利得関数を $f_1(\alpha_i, \beta_j)$，$f_2(\alpha_i, \beta_j)$ とする。

ゼロ和ゲームなので，$f_2(\alpha_i, \beta_j)=-f_1(\alpha_i, \beta_j)$ となり，けっきょく一つの利得行列（プレーヤーⅠの利得）で表現することができる。すなわち，利得行列の要素は $a_{ij}=f_1(\alpha_i, \beta_j)$ と表せることになる。

簡単な例を考えよう。当事者が複数いて利害が相反している場合を考える。

上記のように利得行列（**表 1.3**）は，プレーヤーⅠの利得を表しており，プレーヤーⅡの利得はマイナスを付けて考える。この利得行列に従って，プレーヤーⅠが最大の利得を意図すると，利得 5 に対応して，戦略 α_1 を選択する。一方でプレーヤーⅡが最大の利得を意図すると，プレーヤーⅠの最小の利得を意図することと同じであるので，利得 1 に対応して，β_2 を選択する。

表 1.3　利得行列（その 3）

Ⅰ＼Ⅱ	β_1	β_2
α_1	5	1
α_2	3	4

すなわち，プレーヤーⅠが戦略 α_1，プレーヤーⅡが利得 β_2 を選択する。けっきょく，プレーヤーⅠの利得は，$a_{12}=1$ が実現する。すなわち，プレーヤーⅠの最大利益は実現しない。これは，利害相反する当事者がいるためである。したがって，プレーヤーⅠは，プレーヤーⅡが利得を少なくする行動をとることを考慮する必要がある。

同様に，**表 1.4** の利得行列に示すような戦略が多数の場合の非ゼロ和ゲームを考えよう。この場合も，各プレーヤーが最大利得を意図すると，プレーヤーⅠは戦略 α_1，プレーヤーⅡは戦略 β_2 を選択することから，けっきょくプレーヤーⅠの利得は 1 となり，意図した利得にはならない。

表 1.4　利得行列（その 4）

Ⅰ＼Ⅱ	β_1	β_2	β_3	min
α_1	4	1	−2	−2
α_2	2	−4	−1	−4
α_3	3	3	1	1
max	4	3	1	

そこで，プレーヤーⅠの立場では，自分が選びうる戦略ごとに最小利得を考える。利得行列の右列の値が対応している。要するに各戦略に対する「最悪の場合」（保守主義，安全主義，悲観主義の考え方）を選ぶ。さらに，プレーヤーⅡの戦略いかんにかかわらず，得られる最

大の利得は1である。これを**保証水準**（security level）という[5)〜7)]。

すなわち，プレーヤーIの利得 $v_1 = \max_i \min_j a_{ij} = \max\{-2, -4, 1\} = 1$ である。これをプレーヤーIの**マックスミン戦略**（max-min strategy）という。

つぎに，プレーヤーIIの立場ではどうなるかを考えよう。利得関数 $f_2(\alpha_i, \beta_j) = -f_1(\alpha_i, \beta_j)$ の各列ごとの最大損失：$\max_i a_{ij}$ が保証水準となるので，この最小値が $v_2 = \min_j \max_i a_{ij} = \min\{4, 3, 1\} = 1$ となる。すなわち，各戦略の最大損失を最小化するものであり，**ミニマックス戦略**（mini-max strategy）という。けっきょくのところ，この例ではプレーヤーIが α_3，プレーヤーIIが β_3 となり，各プレーヤーが最悪の場合の中で最善を探すことを示している。これらをまとめて，**ミニマックス原理**（min-max principle）という。

1.2.4　ゲームの均衡（ナッシュ均衡）

つぎに，ゲームの解が安定しているかを考える。各プレーヤーの選択が実現されると，もはや各プレーヤーは選択を変更しても，利得の改善ができない状態で，自分対相手の戦略対が最適になっているとき**ナッシュ均衡**（Nash equilibrium）にあるという。純粋戦略（今回の仮定）の場合，ナッシュ均衡点はない場合もある。ナッシュ均衡は，二人ゼロ和ゲームには限らない「安定」した状態のことである。$v_1 \neq v_2$ である利得行列によっては，均衡するときと，しないときがある。一般に，いかなる利得行列に対しても $\max_i \min_j a_{ij} \leqq \min_j \max_i a_{ij}$ となる。

すなわち，いかなる利得行列に対しても $v_1 \leqq v_2$（マックスミン値≦ミニマックス値）である。したがって，$v_1 = v_2$ となるのは特殊な場合である。

これは，数理計画法で用いられる**鞍点定理**（あん）（saddle point theorem）によって表現できる。

【鞍点定理】　利得行列 $A = (a_{ij})$ において $\max_i \min_j a_{ij} \leqq \min_j \max_i a_{ij}$ となるための必要十分条件は，Aが鞍点を持つことである。詳しくは，関連文献を参照していただきたい[1)]。

1.2.5 非ゼロ和ゲーム（囚人のジレンマゲーム）

ゼロ和の仮定を除くと，ゲーム理論は難しくなる。非ゼロ和ゲームの例として，社会関係の問題を表す**囚人のジレンマ**（prisoner's dilemma）ゲームがあげられる。このゲームでは，二人の囚人が共犯容疑でそれぞれ取調べを受けている状況を表している。囚人Ⅰは，α_1：黙秘する，α_2：自白するの戦略を持っている。同様に囚人Ⅱは，β_1：黙秘する，β_2：自白するという戦略を持っている。そこで二人の行動の組合せが問題となる。

このゲームの利得行列はつぎのようである。

表1.5より，両者とも黙秘する場合は，軽微な犯罪で起訴（2年の刑）される。両者とも自白する場合は共犯事件で起訴（8年の刑）される。一方が自白して，他方は黙秘する場合には，自白した者は，捜査協力による免責で書類送検（0年の刑），黙秘した者は，最も重い刑（10年の刑）で起訴されるものである。

表1.5 利得行列（その5）

Ⅰ＼Ⅱ	β_1	β_2
α_1	(−2, −2)	(−10, 0)
α_2	(0, −10)	(−8, −8)

したがって，囚人Ⅰは，囚人Ⅱがどちらの戦略を選ぶにしても，自白した（戦略α_2をとる）ほうが有利である。結局，囚人Ⅰ，囚人Ⅱともに自白する。すなわち，戦略：$(\alpha_2, \beta_2) \rightarrow (-8, -8)$ がナッシュ均衡点となる。

これは，個人として最良と考えたことが，集団（Ⅰ，Ⅱ）としては最悪の結果になることを示している。一方で，個人として最悪の「自白しない」（黙秘する）行動をとると，集団としては（−2, −2）の最良の結果になる。すなわち，集団は個人の集合であり，個人を統合したものであるが，集団の合理性は個人の合理性を統合したものではない（むしろ対立する）ということである。

1.2.6 パレート最適性

囚人のジレンマゲームにおける集団合理的な戦略（黙秘，黙秘）は，（自白，自白）の戦略の組みより，いずれのプレーヤーの利得も大きくなる。これを**パレート優位**（Pareto superiority）という。さらに，（黙秘，黙秘）より，二人のプレーヤーの利得をともに大きくできる戦略組みは存在しない。このとき，**パレート最適**（Pareto optimal）であるという。すなわち，この戦略よりパレート優位な戦略が存在しないということである。

パレート最適な戦略の組みでは，あるプレーヤーの利得を大きくすると，必ず利得が下がる（か等しい）プレーヤーが存在する。パレート最適な組合せは，ただ一つとは限らず，多数存在する。

この囚人のジレンマゲームでは，ナッシュ均衡点は（α_2, β_2）であり，パレート最適点は，（α_1, β_1），（α_1, β_2），（α_2, β_1）の3点である。

囚人のジレンマの解決は，プレーヤーの**協力**（cooperation）である。すなわち，両者で「自白しない（黙秘する）」と，事前に約束しておく（協力）ことが必要である。囚人のジレンマを一般化したものを**社会的ジレンマ**（social dilemma）という。社会的ジレンマには，つぎのような性質がある。① 各個人は，その状況で協力か，非協力かを選ぶことができる。② 一人ひとりにとっては，協力よりも非協力を選ぶほうが，有利な結果が得られる。③ しかし，全員が自分にとって有利な非協力を選んだ場合の結果は，全員が協力を選んだ場合の結果より悪い。したがって，「それぞれの目的や価値を追求する自由な個人の間で，いかにして協力が可能か」という基本的問題を表している。

すなわち，個人合理性と集団合理性が相反し，個人の最適行動が社会全体としては望ましくない結果をもたらすということである。

このように社会的ジレンマに該当する問題は，社会システムには多数存在している。

1.3　ゲーム理論と数理計画法

ゲーム理論は，複数のプレーヤーがいる社会システムの意思決定問題である。このとき混合戦略の問題を考えると，数理計画問題として定式化できる。また，この問題は双対問題を考えることで解くことが可能となる。

1.3.1 混合戦略のゲーム

1.2節では，**純粋戦略**（pure strategy）：一つが1で他が0である戦略（いずれか一つの戦略を必ず選ぶ）を取り扱った。純粋戦略のゲームの均衡は，鞍点定理より，利得行列が鞍点を持たなければ状況は均衡しない。これは，たがいに相手の手を見て自分の手を決めるので，循環が起こることに対応している。これに対して，確率的なゲームを考えると，純粋戦略では均衡点がなかったゲームも取り扱うことができる。

このように，確率的に戦略を決定する場合を**混合戦略**（mixed strategy）という。このとき，プレーヤーⅠ，プレーヤーⅡの戦略は確率的に表現できる。

$$\begin{cases} x = \left(x_1, x_2, \cdots, x_m\right)^T, \quad x_i \geqq 0, \quad \sum_i x_i = 1 \\ y = \left(y_1, y_2, \cdots, y_n\right)^T, \quad y_j \geqq 0, \quad \sum_j y_j = 1 \end{cases} \tag{1.17}$$

すなわち，プレーヤーⅠは，戦略：$\{\alpha_1, \alpha_2, \cdots, \alpha_m\}$ を確率：$\{x_1, x_2, \cdots, x_m\}$ の確率で選択する。一方で，プレーヤーⅡは，戦略：$\{\beta_1, \beta_2, \cdots, \beta_n\}$ を確率：$\{y_1, y_2, \cdots, y_n\}$ で選択する。一つの手ではなく，多数の手をランダムに混ぜて用いる戦略である。例えば，道路交通に関して，ひと月のうち何日かを無作為に選んで取締りをするような場合に対応する。また，サッカーのペナルティーキックで，右を狙ったり，左を狙ったりという場合も混合戦略であると考えることができる。混合戦略は純粋戦略を確率の概念を用いて拡張したものである。

1.3.2 ミニマックス定理

つぎに，混合戦略による**プレーヤー二人のゲーム**（two-person game）を考える（**表1.6**）。

この場合も，利得行列は純粋戦略の場合と同様に表1.6のように示すことができる。混合戦略は，確率的に定義されるから，ゲームの利得は確定値ではなく，期待値で考える。

表1.6 利得行列（その6）

Ⅰ＼Ⅱ	y_1	y_2	$\cdots$	y_n
x_1	a_{11}	a_{12}	$\cdots$	a_{1n}
x_2	a_{21}	a_{22}	$\cdots$	a_{2n}
$\vdots$		$\vdots$		
x_m	a_{m1}	a_{m2}	$\cdots$	a_{mn}

各プレーヤーの利得（α_i, β_j）は，利得行列で

a_{ij} と書ける。この値を与える戦略の組合せは，$(I, II) \to (x_i, y_j)$ となる。すなわち，利得 a_{ij} が選ばれる確率は $x_i y_j$ である。したがって，プレーヤーⅠの利得の期待値は次式となる。

$$E(x, y) = \sum_{i=1}^{m} \sum_{j=1}^{n} a_{ij} x_i y_j = x^T A y \tag{1.18}$$

このとき，純粋戦略での定義と同様に考えると，最適な保証水準を考えることができる。すなわち，各プレーヤーは，可能な混合戦略（確率列）について最大化（最小化）するということである。

$$\begin{cases} \text{プレーヤーⅠ}：v_1 \equiv \max_x \min_y x^T A y \\ \text{プレーヤーⅡ}：v_2 \equiv \min_y \max_x x^T A y \end{cases} \tag{1.19}$$

を**最適保証水準**という。この利得を与える戦略はつぎのようになる。

$$\min_y x^{0T} A y = v_1 \Rightarrow x^0$$
$$\max_x x^T A y^0 = v_2 \Rightarrow y^0$$

これをプレーヤーⅠ，Ⅱの**最適戦略**（optimal strategy）という。すなわち，最適保証水準および最適戦略は，ともに純粋戦略におけるものを混合戦略に対して確率的に拡張したものである。

混合戦略によるゲームに関して，以下のミニマックス定理が成立する。

【ミニマックス定理】　混合戦略のゼロ和二人ゲームにおいて，双方のプレーヤーの最適戦略は必ず存在し，また必ずマックスミニ利得とミニマックス利得は等しい（$v_1 = v_2$）。すなわち，混合戦略を考えるとき，すべてのゲームにおいてマックスミン戦略，ミニマックス戦略は鞍点となり，ゲームは厳密に決定されるということである。

要するに，確率的戦略（混合戦略）を想定すると，必ずゲームは均衡するようにできるということである。

1.3.3　混合戦略のゲームの解法

もう一度，純粋戦略（非確率的）のゲームの例を見てみよう（**表 1.7**）。

表 1.7 利得行列（その 7）

I ＼ II	β_1	β_2	min
α_1	6	0	0
α_2	5	8	5
max	6	8	

この場合，プレーヤーⅠについては，$\max_i \min_j a_{ij}=5$，プレーヤーⅡについては，$\min_j \max_i a_{ij}=6$ となる。

$$\max_i \min_j a_{ij} \leqq \min_j \max_i a_{ij} \tag{1.20}$$

すなわち，$v_1 \leqq v_2$ となっている。つまり，純粋戦略の場合にはこのゲームは均衡していない。$v_1 \neq v_2$（鞍点がない）となることがわかる。

つぎに，この問題を混合戦略で考えよう。混合戦略では，どの戦略を選択するかの確率を決める。プレーヤーⅠは，戦略：$(\alpha_1, \alpha_2) \to x,\ 1-x$，プレーヤーⅡは，戦略：$(\beta_1, \beta_2) \to y,\ 1-y$ の確率を求める。

プレーヤーⅠの利得の期待値は

$$\begin{aligned} E_I(x, y) &= \sum_{i=1}^{m} \sum_{j=1}^{n} a_{ij} x_i y_j \\ &= 6 \cdot xy + 0 \cdot x(1-y) + 5(1-x)y + 8(1-x)(1-y) \\ &= y\{6x + 5(1-x)\} + (1-y)\{0 \cdot x + 8(1-x)\} \end{aligned} \tag{1.21}$$

となる。すなわち，$E_I(x, y) = y(x+5) + (1-y)(8-8x)$ となる。この状況を図示したものが**図 1.5** である。

$\max_i \min_j E_I(x_i, y_j)$ を求める。プレーヤーⅠは $-8x+8=x+5$ より，$x=1/3$ となるから，プレーヤーⅠの最適戦略は，(1/3, 2/3) となる。ゲームの値は $E=1/3+5=16/3=v_1$ となる。

プレーヤーⅡについても同様に解くことができる。すなわち

$$\begin{aligned} E_{II}(x, y) &= x(6y) + (1-x)\{5y + 8(1-y)\} \\ &= 6xy + (1-x)(8-3y) \end{aligned} \tag{1.22}$$

この場合も**図 1.6** のように図示できる。

プレーヤーⅡは，マックスミン戦略をとるので，$6y=8-3y$，$y=8/9$ より，プレーヤーⅡの戦略は (8/9, 1/9) となる。このときのゲームの値は，$E=6y=6 \cdot (8/9)=16/3=v_2$ となる。すなわち，$v_1=v_2$（ゲームの均衡）が成立して

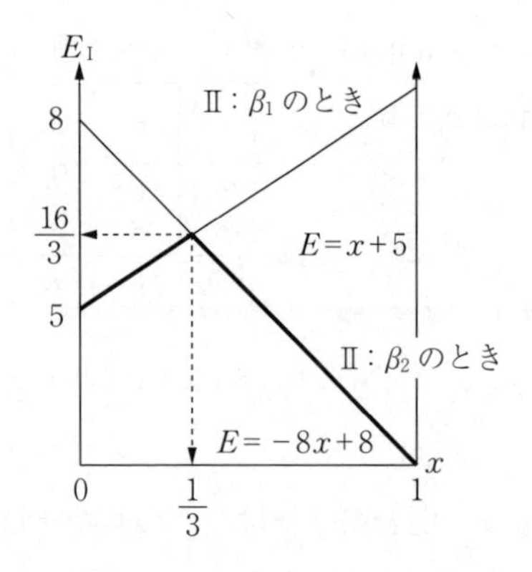

図 1.5　プレーヤーⅠの利得

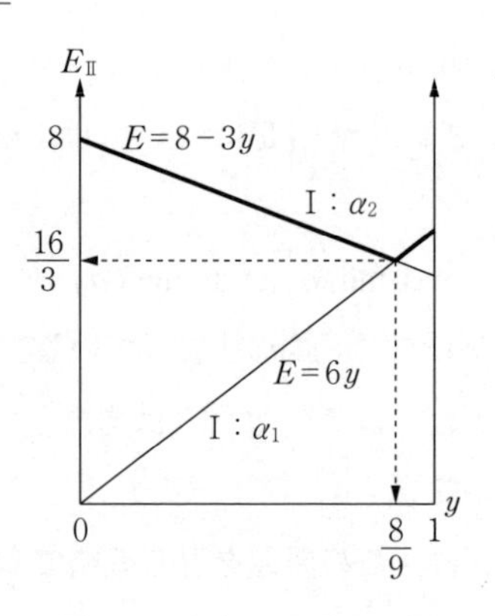

図 1.6　プレーヤーⅡの利得

いる。

1.3.4　数理計画法による定式化

混合戦略に対して，一般的な定式化を行う。

$$x=\left(x_1, x_2, \cdots, x_m\right)^T, \qquad x_i \geqq 0, \qquad \sum_i x_i = 1 \tag{1.23}$$

利得行列のすべての $a_{ij}>0$ と仮定すると，プレーヤーⅠのマックスミン戦略はつぎのように表現できる。

$$v_1 = \max_x \min_j x^T A^{(j)} = \max_x \min_j (a_{1j}x_1 + \cdots + a_{mj}x_m) \tag{1.24}$$

$a_{1j}x_1 + a_{2j}x_2 + \cdots + a_{mj}x_m \geqq u$ $(\forall j=1, 2, \cdots, n)$ に対して $\sum_i x_i = 1$，$x_i \geqq 0$ $(\forall i=1, 2, \cdots, m)$ を満たすあらゆる x_i の組合せの最大値を求めることになる。

$$\begin{cases} a_{1j}\dfrac{x_1}{u} + a_{2j}\dfrac{x_2}{u} + \cdots + a_{mj}\dfrac{x_m}{u} \geqq 1 \quad (\forall j=1, 2, \cdots, n) \\ \dfrac{x_1}{u} + \dfrac{x_2}{u} + \cdots + \dfrac{x_m}{u} = \dfrac{1}{u} \\ \dfrac{x_i}{u} \geqq 0 \quad (\forall i=1, 2, \cdots, m\,;\quad j=1, 2, \cdots, n) \end{cases} \tag{1.25}$$

ここで，$x'_i \equiv x_i/u$ とおくと，$u \to$ 最大のとき，$1/u \to$ 最小となる。

これより，線形計画問題（最小化）を作成することができる[5)]。

【LP1】（プレーヤーⅠ）

$$\begin{cases} \min z = x_1' + x_2' + \cdots + x_m' \\ \text{s.t.} \quad a_{1j}x_1' + a_{2j}x_2' + \cdots + a_{mj}x_m' \geqq 1 \\ \qquad x_i' \geqq 0 \quad (\forall i = 1, 2, \cdots, m; \quad j = 1, 2, \cdots, n) \end{cases} \tag{1.26}$$

同様にプレーヤーⅡの立場から

【LP2】（プレーヤーⅡ）

$$\begin{cases} \max w = y_1' + y_2' + \cdots + y_n' \\ \text{s.t.} \quad a_{i1}y_1' + a_{i2}y_2' + \cdots + a_{in}y_n' \leqq 1 \\ \qquad y_j' \geqq 0 \quad (\forall j = 1, 2, \cdots, n; \quad i = 1, 2, \cdots, m) \end{cases} \tag{1.27}$$

ここで，【LP1】と【LP2】は，双対問題の関係にあることがわかる。双対定理によって，主問題の最適解と双対問題の最適解は一致するため，両者の解が一致するはずである。

先のゲームに関して主問題と双対問題を解いてみよう。利得行列は純粋戦略の場合と同じであるが再度，**表1.8**に示しておく。

表1.8　利得行列（その8）

Ⅰ＼Ⅱ	β_1	β_2	min
α_1	6	0	0
α_2	5	8	5
max	6	8	

【LP1】

$$\begin{cases} \min z = x_1' + x_2' \\ \text{s.t.} \quad 6x_1' + 5x_2' \geqq 1 \\ \qquad\qquad 8x_2' \geqq 1 \\ \qquad x_1', x_2' \geqq 0 \end{cases} \tag{1.28}$$

【LP2】

$$\begin{cases} \max w = y_1' + y_2' \\ \text{s.t.} \quad 6y_1' \leqq 1 \\ \qquad 5y_1' + 8y_2' \leqq 1 \\ \qquad y_1', y_2' \geqq 0 \end{cases} \tag{1.29}$$

けっきょく，LP（線形計画問題）であるので，シンプレックス法などで解くことができる。【LP1】の最小化問題を解くと，$x_1'=1/16$，$x_2'=1/8$となる。ここで，$x_i' \equiv x_i/u$であるから，$x_1+x_2=(1/16)u+(1/8)u=(3/8)u=1$，すな

わち $u=8/3$ となる。これより，$x_1=1/3$，$x_2=2/3$ が算出される。これは先に求めたプレーヤーⅠの最適戦略（1/3，2/3）に対応している。

同様に【LP2】の最大化問題を解くと，$y_1=8/9$，$y_2=1/9$ が導出される。すなわちプレーヤーⅡの最適戦略（8/9，1/9）に対応している。

なお，ここで数理計画問題の導出に関して，利得行列のすべての $a_{ij}>0$ を仮定した。利得行列に，$a_{ij}>0$ でない項が含まれる場合の処理方法について考える。この場合，$a_{ij}+r>0$（$\forall i, j$）となるような適当な正数を選び，$a_{ij}+r$ を要素とする利得行列を持つゲームを考える。このゲームでは，期待利益の値は増加するが，最適戦略はもとと同じになる。例えば，利得行列をつぎのように修正する。

$$\begin{pmatrix} 0 & 1 \\ 2 & -3 \end{pmatrix} \overset{+4}{\Rightarrow} \begin{pmatrix} 4 & 5 \\ 6 & 1 \end{pmatrix} \tag{1.30}$$

すなわち，期待利益の相対的関係は，同じであるのでこの利得行列から同様の処理を行えばよいことになる。

演　習　問　題

【1】 交差点の交通安全対策として，信号機のLED化，排水性舗装，導流標示の3種類（$i=1,2,3$）を考える。交通安全対策の実施地点は，2箇所の交差点（$j=1,2$）である。

ここで，変数 x_{ij} は交通安全対策 i を交差点 j に実施する（しない）を表す。各交通安全対策の設置費用 c_{ij}（単位：千万円）を**問表 1.1** に示す。また，各交通安全対策の実施による交差点の交通事故削減便益 a_{ij}（単位：千万円）を**問表 1.2** に示す。また，予算制約は b〔千万円〕である。

問表 1.1　交通安全対策費用（c_{ij}）

代替案	交差点 1	交差点 2
1	5	4
2	3	3
3	1	2

問表 1.2　交通事故削減便益（a_{ij}）

代替案	交差点 1	交差点 2
1	9	8
2	7	4
3	3	2

このとき，以下の問いに解答せよ。

（1）　予算制約のもとで，総便益 z が最大となる各交差点の交通安全対策を決定する問題を（記号を用いて）定式化せよ。

（2）　予算額 6 千万円の場合（$b=6$）について，各交差点における交通安全対策の組合せを示すとともに，総便益額を算定せよ。

（3）　予算額 8 千万円の場合（$b=8$）について，各交差点における交通安全対策の組合せを示すとともに，総便益額を算定せよ。

【2】　つぎに示す組合せ最適化問題（ナップサック問題）を分枝限定法により求めよ。

$$\begin{cases} \max\ z = 3x_1 + 7x_2 + 2x_3 + 3x_4 \\ \text{s.t.}\quad 5x_1 + 8x_2 + 2x_3 + 4x_4 \leqq 12 \\ \qquad x_j \in \{0, 1\} \quad (j = 1, 2, 3, 4) \end{cases}$$

このとき，分枝の解法には以下の手順（1.1.4 項参照）を用いよ。

1）部分解からの近似解の作り方：緩和問題の解で中間値となっているものを 0 とする

2）部分問題の基準にする変数の決め方：中間値となっている変数を用いる

3）探索方法：深さ優先探索

【3】　社会システム整備の事業者 A，B の「二人ゼロ和ゲーム」について，プレーヤー A の利得行列を**問表 1.3** のように定義する。

このとき，以下の問いに答えよ。

（1）　各事業者の最適戦略を求めよ。

（2）　最適解を算定せよ。

問表 1.3　プレーヤー A の利得行列表

A＼B	β_1	β_2	β_3
α_1	0	−3	4
α_2	4	6	−3
α_3	−2	2	5

【4】　社会システム整備の事業者 A, B についての利得行列が**問表 1.4** のように表される「二人ゼロ和ゲーム」を考える。このとき以下の問いに答えよ。

（1）　純粋戦略で考えるとき，事業者 A のマックスミン戦略とマックスミン値を求めよ。また，事業者 B のミニマックス戦略とミニマックス値を求めよ。

（2）　純粋戦略で考えるとき，ナッシュ均衡解は存在しているか否かを考察せよ。

（3）　混合戦略で考えるとき，事業者 A のマックスミン戦略とマックスミン値を求めよ。

（4）　混合戦略で考えるとき，事業者 B のミニマックス戦略とミニマックス値を求めよ。

（5）　混合戦略で考えるとき，この問題

問表 1.4　利得行列表

		事業者 B	
		戦略 1	戦略 2
事業者 A	戦略 1	3	1
	戦略 2	2	5

のゲームの値を求めよ。

【5】 別々の車に乗った二人のプレーヤーがたがいの車に向かって走行するゲームをチキンゲームと呼ぶ。このとき，たがいに避けなければ2台の車両は衝突し，大事故となる。一方，衝突を回避しようと避けると，「弱虫」（chicken）となる。このチキンゲームの利得表を**問表 1.5** のように定義する。

問表 1.5　利得行列表

I ＼ II	避けない	避ける
避けない	(−10, −10)	(2, −2)
避ける	(−2, 2)	(0, 0)

このとき，以下の問いに答えよ。

（1） ナッシュ均衡点を示せ。

（2） パレート最適点を示せ。

【6】 A市とB市の社会システムに対する二人ゲーム「両性の闘い」を取り上げる。このとき，各市は「環境政策」か「健康政策」の二つの戦略から選ぶことができる。起こりうる帰結は**問表 1.6** のように4通りある。両市は同時に同じ政策を行うと，正の利得を得るが，異なる政策を行うと利得は0である。さらに，環境政策を行うとB市は利得2を得るが，A市の利得は1である。また，健康政策を行うとA市は利得2を得るが，B市の利得は1である。このとき，以下の問いに答えよ。

問表 1.6　利得行列表

A市 ＼ B市	環境政策	健康政策
環境政策	(①, ②)	(③, ④)
健康政策	(⑤, ⑥)	(⑦, ⑧)

（1） この問題の利得行列を①～⑧に数値を入れて作成せよ。

（2） この問題のナッシュ均衡点を示せ。

（3） この問題のパレート最適点を示せ。

【7】 商業店舗A, Bについての二人ゼロ和ゲーム（混合戦略）を考える。商業店舗Aの利得行列を**問表 1.7** に示す。

このとき，以下の問いに答えよ。

問表 1.7　利得行列表

A ＼ B	β_1	β_2
α_1	3	1
α_2	2	5

（1） 商業店舗Aの最適応答グラフ（横軸：確率，縦軸：利得）を示せ。

（2） 商業店舗Aの最適戦略とゲームの値を求めよ。

（3） 商業店舗Bの最適応答グラフ（横軸：確率，縦軸：利得）を示せ。

（4） 商業店舗Bの最適戦略とゲームの値を求めよ。

【8】 隣接するA市とB市の都市経営戦略を考える。A市の開発は最大20 000 m^2 の大型ショッピングセンター，B市の開発は最大12 000 m^2 のスーパーマーケットで

ある。このとき，各市の戦略は以下のようになる。

A 市の戦略 1：大型ショッピングセンターの開発を行わない

A 市の戦略 2：大型ショッピングセンターの開発を行う

B 市の戦略 1：スーパーマーケットの開発を行わない

B 市の戦略 2：スーパーマーケットの開発を行う

これらの戦略に対する利得行列は，**問表 1.8** のように与えられる。

このとき，以下の問いに答えよ。

（1） 線形計画問題 LP1 および LP2 を定式化せよ。このとき，利得行列の要素≧0 となるように正数値を加えよ。

（2） それぞれの市に対する線形計画問題 LP1，LP2 の解を求めよ。

問表 1.8　利得行列表

A 市＼B 市	戦略 1	戦略 2
戦略 1	0	1
戦略 2	2	−3

（3） もとのゲームの最適戦略とゲームの値を算定せよ。

（4） A 市，B 市の混合戦略の結果として，それぞれどのような大規模商業施設の開発を行うことになるか算定せよ（開発面積を示せ）。

【9】（エクセル演習） プレーヤー A, B についての二人ゼロ和ゲーム（混合戦略）を考える。プレーヤー A の利得行列を**問表 1.9** に示す。

このとき，以下の問いに答えよ。

（1） プレーヤー A に対する数理計画問題【LP1】を定式化せよ。

（2） プレーヤー A に対する数理計画問題をエクセル（ソルバー）を用いて解け。

（3） プレーヤー A，B の最適戦略およびゲームの値を求めよ。

問表 1.9　利得行列表

A＼B	戦略 1	戦略 2	戦略 3
戦略 1	3	0	7
戦略 2	7	9	0
戦略 3	1	5	8

2 社会システムの経済分析

本章では，社会システム計画において社会現象を経済学的に表現するための基本となる経済分析の方法論を学習する。これらの経済分析の技術は，社会システムのプロジェクト評価（3章）と代表的な社会システムとしての都市交通システム（4章）を分析するための基礎的な知識となる。

2.1　経済分析の基本概念

2.1.1　経済主体と市場

まず，経済分析の基本概念を考える。ここで，経済活動とは私たちの日常的活動に対応しており，必ずしもお金（貨幣）は必要ではない。すなわち，① 個人（ひとり）の経済活動は，効率的な時間，仕事の配分を考えて行動する。② 複数の人間の経済活動では，たがいの経済効果を交換する場合を考えている。

経済学では，物質的な形ある**財**（goods）と，無形の経済活動（医療・教育など）の**サービス**（service）をまとめて，財と呼ぶ。**図 2.1** に主要な財とサー

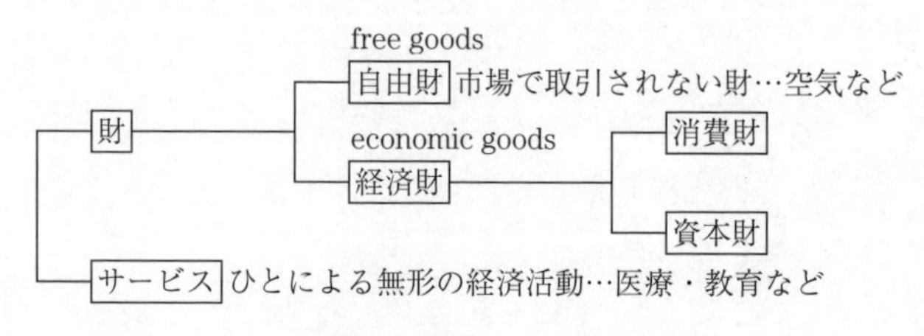

図 2.1　財とサービス

ビスの関係を示す[1)]。

このとき，経済活動に携わって意思決定をする主体を経済主体という。経済主体には，つぎのようなものがある。① 家計とは，労働などの生産要素を供給して，所得を得て，消費行動を行う主体である。したがって，家計は経済的な満足（＝効用）を最大にするように行動する。一方で，② 企業とは，生産要素（労働・資本・土地）を用いて生産活動をする主体である。企業の目的は利潤の追求（利潤の最大化）である。したがって，採算がとれない場合は，生産活動を見合わせる。また，③ 政府とは，経済活動を円滑に進めるために，補助的な役割をする公的な主体である[1)〜8)]。

さらに，複数の経済主体が，それぞれの成果物を持ち寄って，財・サービスを交換し，取引する場所を**市場**（market）という。ここで，需要者は財・サービスの買い手（家計）である。なお，家計が市場（しじょう）で行動するときに「消費者」と呼ばれる。一方で，市場の供給者は，財・サービスの売り手（企業）である。すなわち，企業は生産者であり，採算がとれない（利潤がマイナス）の場合には，市場から撤退する。これらは，市場での取引をゲーム理論（1 章）で考えると，「プレーヤー」と呼ばれた主体に対応している。

また，市場の始まりは，物々交換の場所であるが，通常は現代社会に対応して，貨幣で取引するものと考える。

2.1.2　合理的な行動とは

このように，経済学では人びとや企業を「その利益を最大にしようとして行動する主体」としてとらえる。その場合の「利益」は必ずしも貨幣に換算されるものだけを指すわけではない。例えば，消費者が財・サービスを消費して得られる精神的・肉体的な満足感を「利益」と考えて，これを**効用**（utility）と呼ぶ。経済主体のうち，消費者の利益は効用であり，生産者の利益は利潤であるといえる。

つぎに経済分析では，「経済主体は経済的に合理的な行動」をすると想定する。このとき，**合理的**（rational）な行動とは何のことであろうか。合理的行動はつぎのように定義できる。

『**合理的行動**とは，ある経済的な目的を達成するために，与えられた制約の中で，最も望ましい行為を選択する行動。これは，数理最適化の理論に対応させると，最適化行動を表現するものである』

経済的な目的を関数として設定できるとすると，経済分析の問題は，以下のように数理計画法（**非線形計画法：NLP**）で定式化できる。

$$\begin{cases} z=f(x_1, x_2, \cdots, x_n) \Rightarrow \max \\ \text{s.t.} \quad g(x_1, x_2, \cdots, x_n) \leqq 0 \end{cases} \tag{2.1}$$

本章の具体的な分析においては，同様な数理計画問題を解く場合が多い。

2.1.3　経済分析の方法

つぎに，経済分析の具体的な方法について述べる。特に社会システムの経済現象に関する分析方法によって，① **部分均衡分析**（partial equilibrium）と② **一般均衡分析**（general equilibrium）に分類することができる。すなわち，① 部分均衡分析は，ある特定の対象に限定して分析を行う分析方法である。この場合には，一つの市場だけに焦点を当てる（他の経済変数の値を一定とする）分析方法である。例えば，土地利用モデル，交通均衡モデルなどの数理モデルは部分均衡分析のモデルということになる。一方で，② 一般均衡分析とは，すべての経済変数の動きをまとめて説明する方法である。多数の財を同時に取り扱うための数学的なモデルを作成する方法である。このようなモデルを一般均衡モデルという[1)〜8)]。

また，社会における経済政策の目標は何であろうか。これは，社会の ① **効率性**（efficiency）と ② **公平性**（fairness）を達成することであるといえる。すなわち，ある限られた資源を最も適切に活用すること（すべての経済主体の経済的な満足度を高くすること）が ① 効率性である。例えば，道路交通における総走行時間最小化は「効率性」の基準であるといえる。

つぎに，経済全体の成果を個人間でどのように再配分すべきかを問題とすることが ② 公平性である。これは，市場機構で実現する所得・資産の分配が社会的には望ましくない経済的格差が生じる場合を考えたものである。

2.2 消費者行動の理論

2.1節では，経済分析の基本概念について述べた。ここでは個別の経済主体として消費者（家計）の行動をモデル化する。

2.2.1 消費者行動と効用

消費者とは，財・サービスを消費することによって欲求を満たす経済主体であり，個人や家計を指す。このとき，効用とは，消費者の「満足度」を表す経済学の用語である。この満足の度合いを数値化したものを**効用関数**（utility function）という。財の消費量を変量とした効用関数であることから，「直接効用関数」ということもある。

ここで，消費する財が2種類であると，各財の消費量 x_1，x_2 に対して効用（満足度）が決定する。すなわち，効用関数は

$$u = u(x_1, x_2) \tag{2.2}$$

のように表現できる。これを空間的に示したものが**図2.2**である。

効用関数の変化形状から，財の消費量が増加すると効用が増加することがわかる。

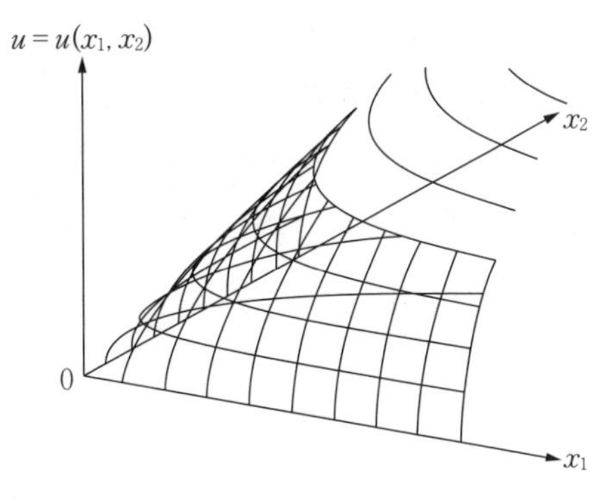

図2.2 効用関数の概形

ここで，効用は絶対的な尺度で測定できるという立場から分析する方法を**基数的効用分析**（cardinal utility analysis）という。このとき，基数効用は絶対的な水準を示すとともにその差も意味を持つ。一方で，**序数効用**（ordinal utility）とは，効用の数値自体はそれほど重要ではなく，任意の2点に

ついて，どちらを好むかが効用の大小で判断する効用である。したがって，序数効用では効用の大きさの順序が規定される。現在の消費者行動理論においては，序数効用を考える場合が多い。

2.2.2 限界効用

つぎに，効用関数の変化について考える。財の変化に対する効用関数の変化分（偏微分）のことを**限界効用**（marginal utility）という。すなわち，ある財の消費量が1単位増加したときの効用（満足度）の変化量である。

したがって，効用関数 $u=u(x_1, x_2)$ について，式 (2.3)，(2.4) のように，第1財の限界効用 MU_1 を x_1 に関する偏微分 u_1，第2財の限界効用 MU_2 を x_2 に関する偏微分 u_2 で表すことができる。

$$MU_1=\frac{\partial u}{\partial x_1}=u_1 \tag{2.3}$$

$$MU_2=\frac{\partial u}{\partial x_2}=u_2 \tag{2.4}$$

さらに，限界効用関数を偏微分すると，つぎのような2階偏導関数を求めることができる。

$$\frac{\partial^2 u}{\partial x_j \partial x_i}=\frac{\partial}{\partial x_j}\left(\frac{\partial u}{\partial x_i}\right)=\frac{\partial}{\partial x_j}u_i=u_{ij} \tag{2.5}$$

これは限界効用の変化を表す指標となる。

さて，1杯目のビールが一番美味しく2杯目，3杯目となるとしだいに味が落ちていく現象を考える。これは，財の消費量が増加すると，効用は増加する（限界効用は正）が，効用の変化分は減少する（効用関数の2階偏導関数は負）という現象である。すなわち，つぎのように定式化できる。

$$u_1=MU_1=\frac{\partial u}{\partial x_1}>0, \qquad u_{11}=\frac{\partial^2 u}{\partial {x_1}^2}=\frac{\partial MU_1}{\partial x_1}<0 \tag{2.6}$$

$$u_2=MU_2=\frac{\partial u}{\partial x_2}>0, \qquad u_{22}=\frac{\partial^2 u}{\partial {x_2}^2}=\frac{\partial MU_2}{\partial x_2}<0 \tag{2.7}$$

この状況を**図2.3**に示す。図より，限界効用曲線の傾きが財の増加につれて

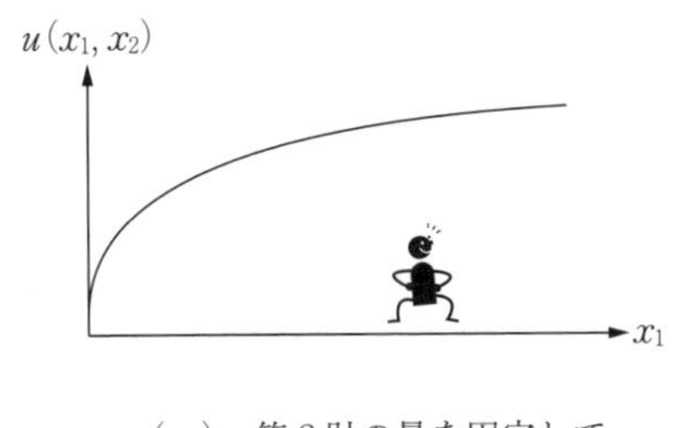

（a）　第2財の量を固定して
第1財の量が変化

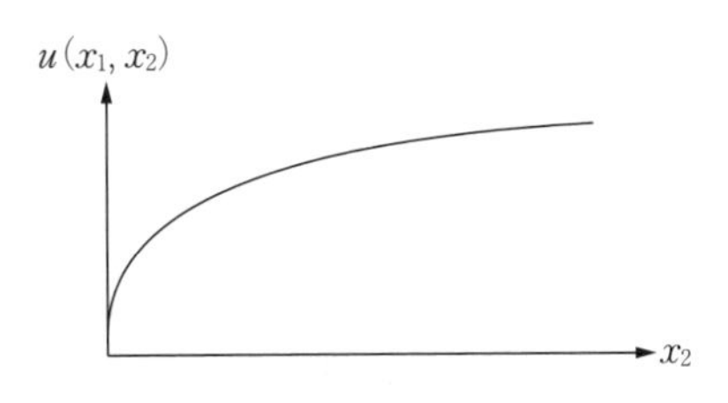

（b）　第1財の量を固定して
第2財の量が変化

図 2.3　限界効用の逓減

減少することがわかる。

このような限界効用関数の性質を，**限界効用逓減の法則**（law of diminishing marginal utility）という。基数効用理論では，この性質は重要な役割を果たした。序数効用説が受け入れられている現在の消費者効用理論では，限界効用逓減の性質を持つことは，必ずしも仮定されない[2), 4)]。ここで，ゲーム理論（1章）で紹介された利得行列も効用関数と考えてよい。

2.2.3　無 差 別 曲 線

効用関数は，図2.2のように，3次元空間に示すことができる。効用に関する分析を容易にするため，この状況を消費量の平面（x_1, x_2）に描くと，効用関数値の大きさごとに効用値の等しいところを結んだ等高線を描くことができる。この効用の等しい部分を結んだ線を**無差別曲線**（indifference curve）という。したがって，**図 2.4** の無差別曲線は，同じ効用を生む財の消費量の組合せ（x_1, x_2）の軌跡である。この曲線上の2点（x_1, x_2）と（x_1', x_2'）は，無差別であるという。

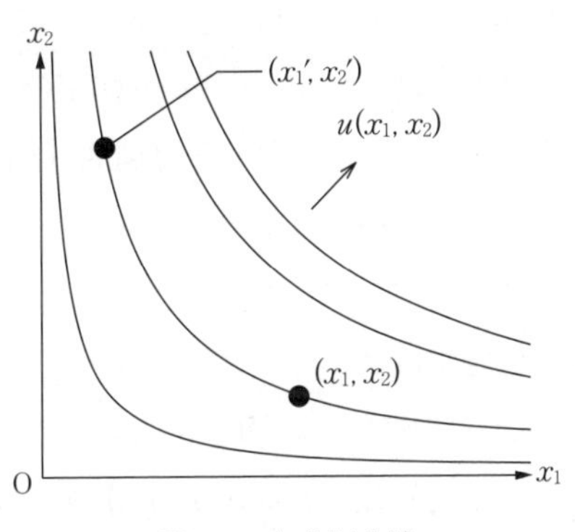

図 2.4　無差別曲線

ここでつぎのような効用関数の全微分を考える。

$$du = \frac{\partial u}{\partial x_1}dx_1 + \frac{\partial u}{\partial x_2}dx_2 = u_1 dx_1 + u_2 dx_2 \tag{2.8}$$

無差別曲線上では効用が一定であるので，$du=0$ となる。したがって，$u_1dx_1 + u_2dx_2 = 0$ ということから，財の変化分の比が $dx_2/dx_1 = -(u_1/u_2)$ となる。これにマイナスを付けたものを「第2財で測った第1財の**限界代替率**」(marginal rate of substitution，**MRS**）という。第1財を追加的に消費するとき，効用を一定に保つためには，第2財の消費を（近似的に）MRS単位だけ減少させなければならないということである。

これはつぎのように書くこともできる。

$$-\frac{dx_2}{dx_1} = \frac{u_1}{u_2} \tag{2.9}$$

すなわち，限界代替率は限界効用の比に等しい。さらに，逓増か逓減かは別にして，どの財の限界効用も正である（$u_i > 0$，$i=1,2$)。これらのことから

$$\frac{dx_2}{dx_1} = -\frac{u_1}{u_2} < 0 \tag{2.10}$$

となり，図2.4に示したように，無差別曲線はすべて右下がりであることがわかる。

2.2.4 予 算 制 約

つぎに，消費者の行動を考える。ここでも2財の消費を考える。財の消費量を x_1，x_2，財の価格を p_1，p_2 とする。またこの消費者の所得を I とする。

消費者は，一定の所得 I の制約下で財を購入する。このとき，消費額は所得を超えないことから，**予算制約**（budget constraint）は

$$p_1x_1 + p_2x_2 \leqq I \tag{2.11}$$

のように書ける。すなわち，$p_1x_1 + p_2x_2 = I$ の境界線を超えない範囲で x_1，x_2 を決定するということである。これを**予算線**（budget line）という。予算線を x_1-x_2 平面に描くと**図2.5**のようになる。

財の消費量（x_1, x_2）が予算の制約を満たす領域を**消費可能領域**（consumption possibility area）という。つぎに，予算線の変化する場合を考える。

ここで，**図 2.6** に価格，所得が変化する場合を示す。

第 1 財の価格が上昇すると，$p_1 \rightarrow p_1'$ となるので，予算線の x_1 切片は，$I/p_1 \Rightarrow I/p_1'$ に変化する。

同様に，第 2 財の価格が上昇すると，$p_2 \rightarrow p_2'$ となるので，x_2 切片が $I/p_2 \Rightarrow I/p_2'$ に変化する。

また，所得が上昇：$I \rightarrow I'$ すると，各切片は，それぞれ，$I/p_1 \Rightarrow I'/p_1$　$I/p_2 \Rightarrow I'/p_2$ に変化するので，予算線は平行移動する。

これらの変化のうち，所得変化と財の需要変化の関係から財を分類することができる。所得の増加とともに財の需要が増加する財を**上級財**（superior goods）いう。また，所得が変化しても財の需要が変化しない財を**中級財**（neutral goods）という。さらに，所得の増加とともに財の需要が減少する財を**下級財**（inferior goods）という[2),9)]。

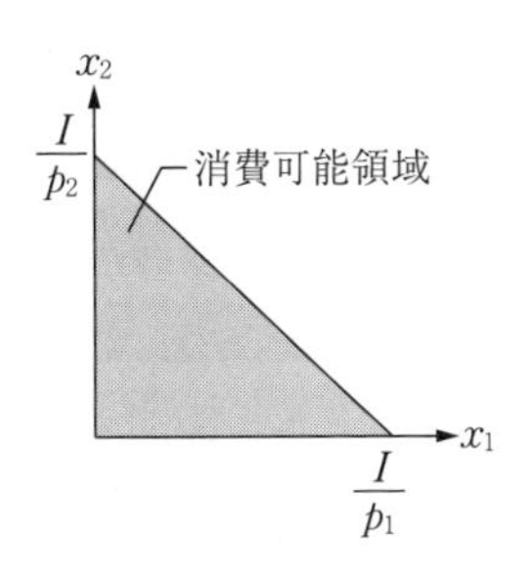

図 2.5　x_1-x_2 平面の予算線

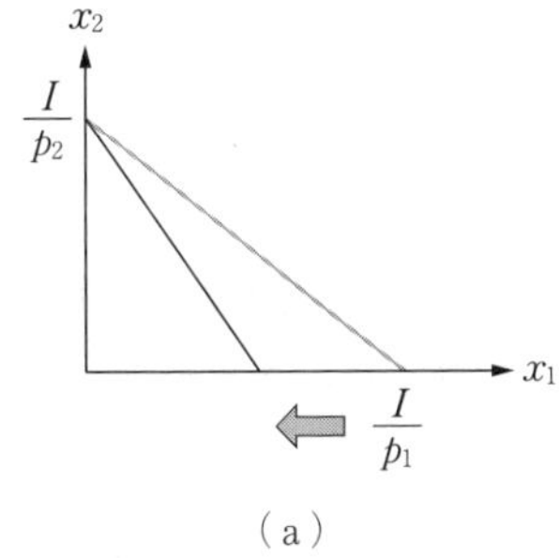

（a）

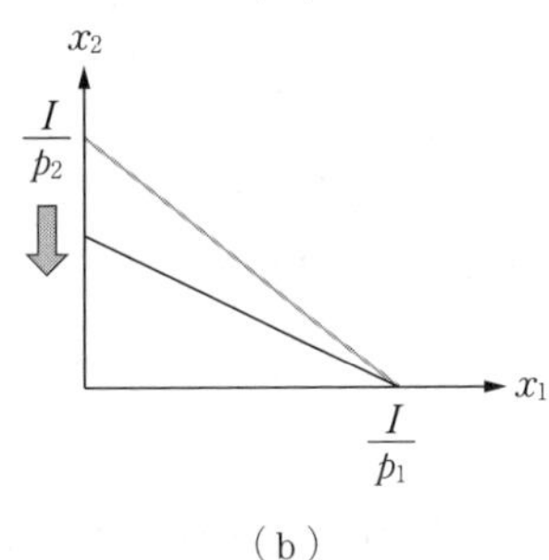

（b）

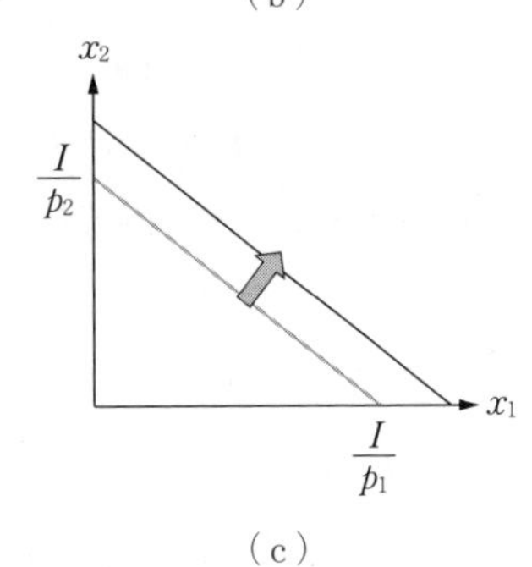

（c）

図 2.6　予算線の変化

2.2.5　消費者行動の記述

すでに示したように，消費者の「満足度」が効用で表される。このとき，消費者行動について 2 側面から考える。

① 与えられた所得と価格のもとで，満足を最大にする（**効用最大化**）

② 満足の程度を思い浮かべて，これを最も安価で達成する（**支出最小化**）

①は，スーパーに行って，商品を確認して購入するような場合で，予算の範囲内で最も大きな満足度が得られるよう商品を組み合わせて消費するという場合である。一方で，②の場合は，あらかじめ，購入する商品は決めており，インターネットで商品の価格を比べて，同じ商品ならなるべく安く購入するというような場合である。

これらは，消費者行動を2側面から見たものであり，いずれの問題も数理計画問題として定式化できる。以下では，消費者の財の消費量を x_1, x_2，消費者する財の価格を p_1, p_2 として，これらの問題を考えてみよう。

2.2.6　効用最大化問題

消費者の効用の最大化とは，最大限達成可能な効用水準を求めることに対応する。この場合には，消費量は，所得と価格の関数として求められる。

消費者は，一定の所得 I の制約下で財を購入する。この所得は，厳密には「名目所得」という。したがって

$$p_1x_1+p_2x_2 \leqq I \tag{2.12}$$

が消費可能領域である。

ここで，消費者は予算制約のもとで，効用を最大化する。また，消費者が所得のすべてを使い切るとする。

これを消費者の効用最大化問題といい，以下のように定式化できる。

$$\begin{cases} u(x_1, x_2) \to \max \\ \text{s.t.} \quad p_1x_1+p_2x_2=I \end{cases} \tag{2.13}$$

この問題は，等号制約付きの最大化問題であるから，ラグランジュ乗数法を用いて解くことができる[10)]。ラグランジュ乗数を λ として，ラグランジュ関数を求めると

$$L(x_1, x_2, \lambda)=u(x_1, x_2)+\lambda(I-p_1x_1-p_2x_2) \tag{2.14}$$

となる。このラクランジュ関数より，1階の条件を求めると

$$\frac{\partial L}{\partial x_1}=\frac{\partial u}{\partial x_1}-\lambda p_1=u_1-\lambda p_1=0 \tag{2.15}$$

$$\frac{\partial L}{\partial x_2}=\frac{\partial u}{\partial x_2}-\lambda p_2=u_2-\lambda p_2=0 \tag{2.16}$$

となる。ここで，限界効用を $\partial u/\partial x_1=u_1$，$\partial u/\partial x_2=u_2$ と表現している。また，式 (2.15)，(2.16) より，それぞれ λ を求めると，$\lambda=u_1/p_1=u_2/p_2$ が得られる。これらを整理すると，下式のようになる。

$$\frac{u_1}{u_2}=\frac{\partial u/\partial x_1}{\partial u/\partial x_2}=-\frac{dx_2}{dx_1}=\frac{p_1}{p_2} \tag{2.17}$$

すなわち，限界代替率＝価格比率となっている。これは，消費者が限界代替率と価格の比が等しくなるように両財の消費量を決定することを表している（無差別曲線の接線の傾きが予算線の傾きに等しい)。

すなわち，**図 2.7** に示すように，無差別曲線が予算制約線と接する点 $(x_1{}^*, x_2{}^*)$ で効用が最大化される。

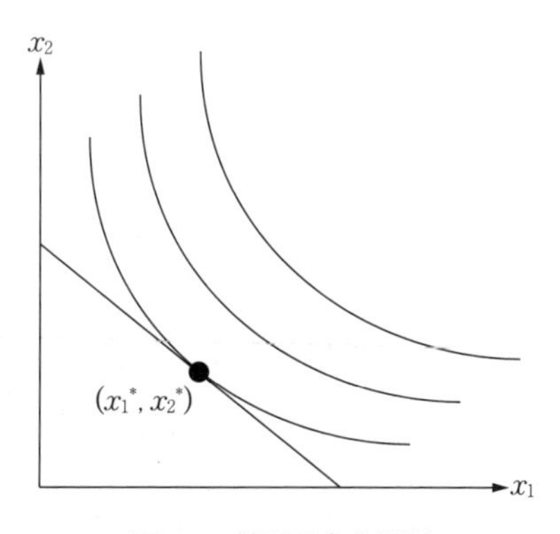

図 2.7　効用最大化問題

2.2.7　需要関数と価格弾力性

効用最大化問題を解いて得られる財の消費量は，式 (2.18)，(2.19) のように財の需要量を価格と所得の関数で表すことができる。これを，**需要関数** (demand function) という。

$$x_1=D_1(p_1, p_2, I) \tag{2.18}$$

$$x_2=D_2(p_1, p_2, I) \tag{2.19}$$

この需要関数を効用関数に代入すると，以下のように，効用を価格と所得の関数で書くことができる。

$$V(p_1, p_2, I)=u(x_1, x_2)=u(D_1(p_1, p_2, I),\ D_2(p_1, p_2, I)) \tag{2.20}$$

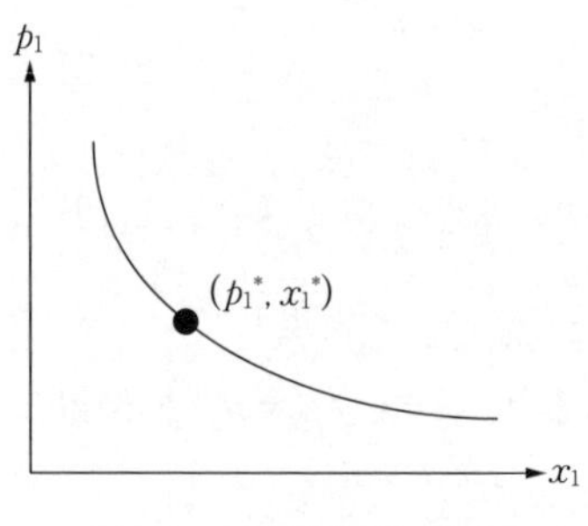

図 2.8　価格弾力性の算定

式 (2.20) を**間接効用関数**（indirect utility function）という。

需要関数：$x_1 = D_1(p_1, p_2, I)$ に関して，**図 2.8** のように，需要量 x_i と価格 p_i の関係を図示したものが需要曲線である。例えば，財の種類が上級財（通常財）の場合は，価格が減少した場合に消費量が大きくなるので減少関数になる。

また，需要関数が得られているとき，価格が 1 %変化したときの消費量が何%変化するかを表したものを，**価格弾力性**（price elasticity）という。すなわち

$$\varepsilon_{11} = -\left(\frac{\Delta x_1 / x_1}{\Delta p_1 / p_1}\right) = -\frac{需要の変化率}{価格の変化率}$$

$$= -\frac{p_1}{x_1}\frac{\Delta x_1}{\Delta p_1} = -\frac{p_1}{x_1}\frac{\partial x_1}{\partial p_1} \tag{2.21}$$

また，第 2 財の価格が 1%変化したときの第 1 財の消費量が何%変化するかを表したものを「交差価格弾力性」という。すなわち

$$\varepsilon_{12} = -\left(\frac{\Delta x_1 / x_1}{\Delta p_2 / p_2}\right) = -\frac{第1財の需要の変化率}{第2財の価格の変化率}$$

$$= -\frac{p_2}{x_1}\frac{\Delta x_1}{\Delta p_2} = -\frac{p_2}{x_1}\frac{\partial x_1}{\partial p_2} \tag{2.22}$$

と表すことができる。したがって，価格弾力性は $\varepsilon_{11}, \varepsilon_{12}, \varepsilon_{21}, \varepsilon_{22}$ の 4 種類を定義できるが，$\varepsilon_{11}, \varepsilon_{22}$ を**自己価格弾力性**（own price elasticity），$\varepsilon_{12}, \varepsilon_{21}$ を**交差価格弾力性**（cross price elasticity）という。単に，「価格弾力性」というときは，「自己価格弾力性」のことを表している。

2.2.8　支出最小化問題

つぎに消費者の行動を別の側面から考えてみる。2.2.5 項の②で示される行動である。**図 2.9** に示すように一定の予算制約のもとで効用を最大にする点

$(x_1{}^*, x_2{}^*)$は，$u^0=u(x_1{}^*, x_2{}^*)$の効用値を与える。したがって，$(x_1{}^*, x_2{}^*)$の点は，少なくともこの効用水準を生む点のうちで支出を最小化する点と見なすこともできる。

すなわち，目的関数は総支出額$p_1x_1+p_2x_2$の最小化である。この問題は支出最小化問題としてつぎのように定式化できる。

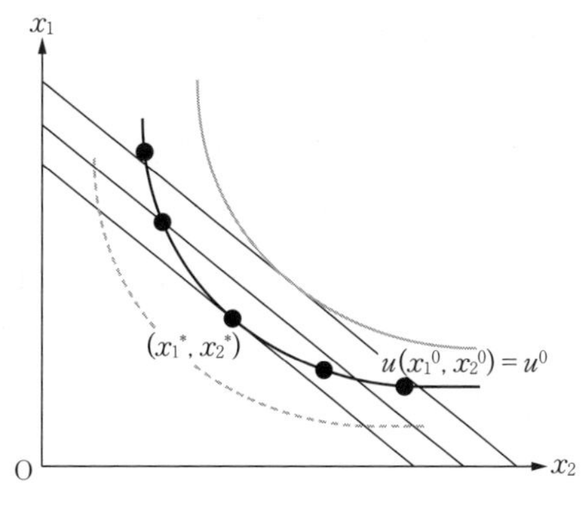

図 2.9　支出最小化問題

$$\begin{cases} \min p_1x_1+p_2x_2 \\ \text{s.t.} \quad u(x_1, x_2)=u^0 \end{cases} \tag{2.23}$$

これは効用最大化問題の双対問題となっている。この問題は等号制約付き最小化問題であるので，ラグランジュ乗数法を用いて解くことができる。ラグランジュ乗数をμとして，以下のようにラグランジュ関数を定義する。

$$L(x_1, x_2, \mu)=p_1x_1+p_2x_2+\mu(u^0-u(x_1, x_2)) \tag{2.24}$$

この１階の条件はつぎのようになる。

$$\begin{cases} \dfrac{\partial u}{\partial x_1}=p_1-\mu\dfrac{\partial u}{\partial x_1}=p_1-\mu u_1=0 \\ \dfrac{\partial L}{\partial x_2}=p_2-\mu\dfrac{\partial u}{\partial x_2}=p_2-\mu u_2=0 \\ \dfrac{\partial L}{\partial \mu}=u^0-u\left(x_1, x_2\right)=0 \end{cases} \tag{2.25}$$

この解を求めると，$x_1=x_1{}^*(p_1, p_1, u^0)$，$x_2=x_2{}^*(p_1, p_1, u^0)$という需要量が価格と効用水準の関数として求められる。これを**補償需要関数**（compensating demand function）という[2),5),11)]。

この解である補償需要を目的関数に代入すると$M(p_1, p_2, u^0)=p_1x_1{}^*(p_1, p_2, u^0)+p_2x_2{}^*(p_1, p_2, u^0)$という価格と効用の関数が与えられる。これを**支出関数**（expenditure function）という。

2.2.9 需要関数の変化

つぎに，**図 2.10** に示すような価格変化に対する需要変化を考える。需要関数に対して，第2財の需要量を一定として，第1財の価格が低下した場合（$p_1 \rightarrow p_1'$）の需要量の変化を考える。第1財の需要量と価格の関係を表す関数を需要関数という。通常の財（上級財）では，右下がりの曲線となる。

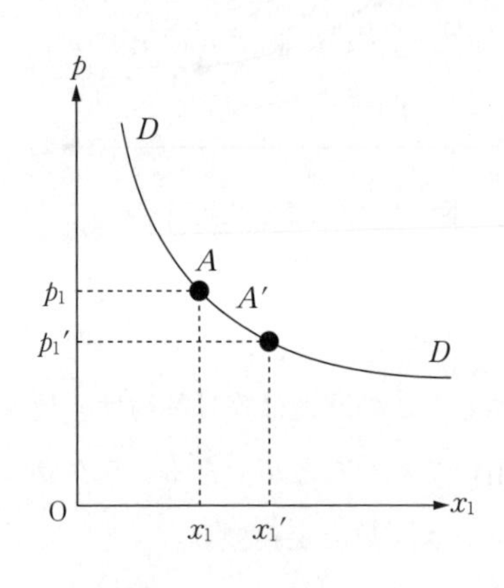

図 2.10　需要関数の変化

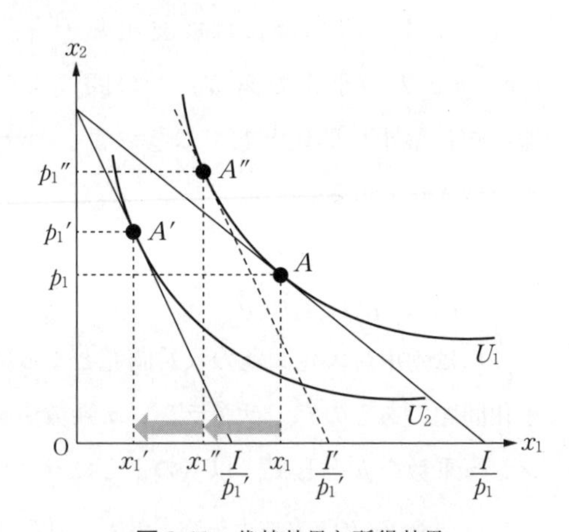

図 2.11　代替効果と所得効果

つぎに，財の価格変化に対する効用変化について**図 2.11** を用いて説明する。ここで，名目所得と第2財の価格は一定であるとき，第1財の価格が上昇したとする（$p_1 \rightarrow p_1'$）。このとき，消費者の購買力が低下するため効用は低下する（$U_1 \rightarrow U_2$）。すなわち，無差別曲線との交点は $A \rightarrow A'$ と変化する。

このように，価格の上昇は，所得を実質的に低下させる効果（所得効果）を含んでいる。

新しい価格（p_1', p_2）のもとで，以前の需要 A と同じ効用を与える所得を I' とすると，**補償所得**（compensated income）$I'-I$ が得られる。すなわち，この所得額の補助を受けると実質的な所得に変化がないことになる（効用は一定に保たれる）。

ここで，つぎのように $A \rightarrow A'$ の需要の変化を分解することができる（図 2.11）。

$$[A \to A'] \Rightarrow [A \to A''] + [A'' \to A'] \tag{2.26}$$

［$A \to A''$］の変化は同一の無差別曲線上の変化である。この変化は，実質所得に変わりがなく，相対価格の変化のみによる第1財から第2財へのシフトであり，**代替効果**（substitution effect）と呼ばれる。

また，［$A'' \to A'$］の変化は，価格を一定として所得が減少する（予算線が左へシフトする）ことによる第1財の需要変化であり，**所得効果**（income effect）という。すなわち，通常の需要曲線は，代替効果と所得効果の両方で変化しているといえる。

2.2.10　消費者行動のまとめ

図2.12に示すように，消費者の効用最大化問題から，通常の需要曲線：DD（名目所得と第2財の価格を一定とする）が算定された。一方で，消費者の支出最小化問題から，補償需要曲線：$D''D''$（実質所得と第2財の価格を一定とする）が得られた。

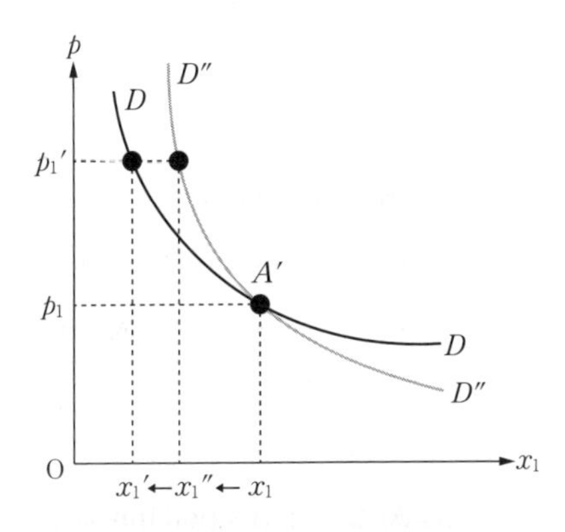

図2.12　補償需要関数

ここで，補償需要曲線は通常の需要曲線から所得効果を取り除いたもの（すなわち代替効果）を表している。したがって，通常の需要曲線と補償需要曲線は図に示すような関係となる。

つまり，価格が変化すると，需要は補償需要曲線に沿って代替効果分だけ変化する。その変化に，所得効果を加えたものが通常の需要曲線に沿った変化になる。

ここで，財の種類と消費者行動の関係をまとめておく。

① 価格が変化せず，所得のみが増加した場合には，上級財（正常財・通常財）は，需要量が増加するが，下級財（劣等財）は需要量が減少する。

② 所得が変化せず，価格のみが変化した場合には，「代替効果」+「所得

効果」の両方が作用する。したがって，上級財では「代替効果」，「所得効果」は同方向であり，需要曲線は右下がりとなる。また，下級財では，「代替効果」＞「所得効果」のとき，需要曲線は右下がりとなる。一方で，下級財のうち，「代替効果」＜「所得効果」のとき，需要曲線は右上がりとなる（これをギッフェン財という）。

2.3 生産者の行動

ここでは，消費者とともに経済活動を担うもう一方の生産を行う意思決定主体である生産者を考えよう。生産者は，企業ともいわれる。すなわち企業とは，生産活動を行う経済主体のことである。また，消費者に財・サービスを提供する主体という意味で，供給者ということもある。すなわち，企業・供給者・生産者というのは基本的には同じ主体のことを示している。

2.3.1 生産関数

企業は何かを生産過程に投入し，結果として生産物を得ている。財・機械・土地・労働サービスなど**投入**（input）するものを**生産要素**（production factors）という。ここでは，まず生産要素一つ，生産物一つの場合を考える。

生産要素の量を x，生産物の量を y として，両者の技術的な関係を表したものを**生産関数**（production function）という。すなわち，$y=f(x)$ と書ける。

つぎに，生産要素1単位の増加に対する生産量の変化を**限界生産力**（marginal productivity）という。すなわち，$dy/dx=f'(x)$ である。

さらに，限界生産力の変化分について，$d^2y/dx^2=f''(x)<0$ であるとき，限界生産力は生産量に対して逓減する。これを**限界生産力逓減の法則**（the law of diminishing marginal productivity）という。このような関数の変化は，効用関数の場合と形式的に類似している（ただし，生産量は基数的概念であることに注意する）。

生産物は単位当り p の価格で，市場において販売され，生産者は py だけの

収入（revenue）を得る。すなわち，「収入」＝（単位当りの価格）×（生産量）である。また一方で，生産要素の単位当りの調達費用を w とすると，**生産費用**（production cost）は wx となる。すなわち，「調達費用」＝（生産要素の単位調達費用）×（生産要素の量）である。

この結果として，企業は「収入」－「調達費用」: $\pi = py - wx$ の**利潤**（profit）を得る。

2.3.2　価格受容者と価格決定者

企業にとって，生産要素あるいは生産物の市場価格（p, w）が与えられて，自らの意思で変更できないとき，企業は**価格受容者**（price taker）であるという。同技術で，同種類の生産要素を用い，同じ製品を作り出している企業が多数存在すれば，価格受容者になる。また，このような市場の状況を**完全競争**（perfect competition）と呼ぶ。

一方で，生産物を販売する企業数がきわめて少ない場合や，生産要素を求める企業数が極端に少ないとき，企業の販売量あるいは生産要素調達量に応じて価格が変化する可能性がある。このような場合，企業は**価格設定者**（price maker）であるという。企業が何らかの価格支配力を持つ市場の状況を**不完全競争**（imperfect competition）と呼ぶ。

2.3.3　利潤最大化

完全競争の場合，2.3.1 項に示した企業の**利潤の最大化**（profit maximization）を定式化する。利潤の定義と生産関数を用いて，企業の利潤最大化問題はつぎのように定式化できる。

$$\begin{cases} \max\limits_{x,y} \pi = py - wx \\ \text{s.t.} \quad y = f(x) \end{cases} \tag{2.27}$$

すなわち，これらの式は，生産性の条件（生産関数）のもとで，利潤を最大化する行動を定式化したものである。この問題は，等号制約付きの最大化問題であるので，ラグランジュ乗数法で簡単に解くことができる。ラグランジュ乗

数を γ として，この問題のラグランジュ関数を作る。

$$L(x, y, \lambda) = py - wx + \gamma\{f(x) - y\} \tag{2.28}$$

つぎに，1階の条件（極値条件）を求める。ここで，x, y, γ が変数である。

$$\begin{cases} \dfrac{\partial L}{\partial x} = -w + \gamma \dfrac{df(x)}{dx} = 0 \\ \dfrac{\partial L}{\partial y} = p - \gamma = 0 \\ \dfrac{\partial L}{\partial \gamma} = f(x) - y = 0 \end{cases} \tag{2.29}$$

これより，$w/p = df/dx = f'(x)$ が得られる。すなわち，実質要素価格が限界生産力に等しいという条件である。これより，$w = pf'(x)$ となり，要素価格＝**限界生産物価値**（value of marginal product）であることがわかる。

すなわち，価格限界生産力が要素価格に等しいとき利潤が最大化されるが，この条件だけでは，利潤の最大水準＞0 かどうかはわからない。

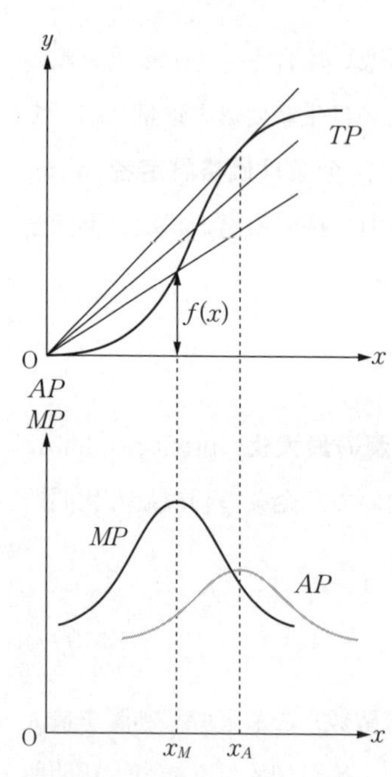

図 2.13　総生産性・平均生産性・限界生産性

生産要素の投入量を変えても利潤 π が正にならないなら，企業は生産そのものをやめてしまう。すなわち，以下の条件が成立しなければならない。

$\pi = py - wx = pf(x) - wx \geqq 0$，すなわち，$pf(x) \geqq wx$ である。これらの関係をまとめると，企業の利潤が非負になるための条件は

$$\frac{f(x)}{x} \geqq \frac{w}{p} = f'(x) \tag{2.30}$$

となる。

ここで，$f(x)$ を**総生産性**（total productivity，**TP**），左辺の $f(x)/x$ を**平均生産性**（average productivity，**AP**）と呼ぶ。また，右辺 $f'(x)$ は総生産性の変化率であり**限界生産**

性（marginal productivity，**MP**）と呼ぶ。

図2.13に総生産性・平均生産性・限界生産性の変化の概形を示す。

APは，TPの1点と原点を結んだ直線の勾配に対応する。したがって，APは最初小さい値でやがて急激に増加する。

さらにAPは，投入量がx_Aの点でピークを迎え，その後は減少する。一方でMPは，総生産性曲線の各点での微分係数であるから，限界生産性のピークのx_Mほうが先である（$x_M<x_A$）。

2.3.4 費用関数

図2.14は，生産物（財）の生産量と必要な費用との関係を表し，**費用関数**（cost function）という。まず総生産性曲線$f(x)$は要素投入量に対する生産量を表す〔上段図〕。縦軸と横軸を入れ替えてグラフを描くと，$x=f^{-1}(y)=x(y)$となり，生産量に対する要素投入量が逆S字形で描かれる[4]〔中段図〕。

さらに，これをw倍した$wx(y)\equiv c(y)$が可変的な要素にかかる費用（可変費用）になる〔下段図〕。

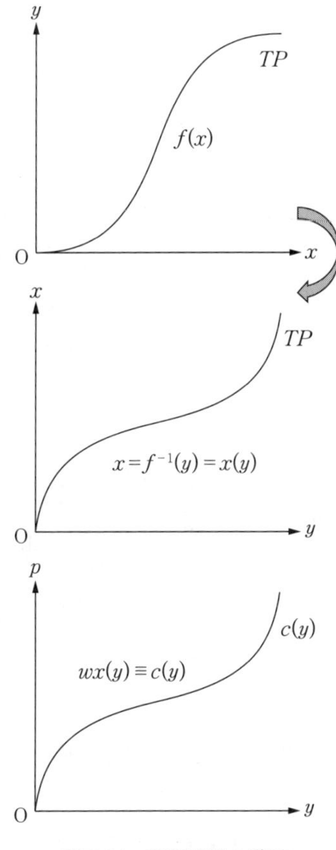

図2.14　費用関数の導出

つぎに，生産に必要な費用を，費用の中で固定的な要素にかかる費用を**固定費用**（fixed cost）という。また，費用の中で可変的な要素にかかる費用を**可変費用**（variable cost）という。

したがって，総費用（TC）は固定費用（FC）と可変費用（VC）から構成され，次式のようになる。

$$TC = FC + VC = FC + c(y) \tag{2.31}$$

2.3.5　生産量の決定

また，総費用曲線に対して，生産物を1単位増加するときにかかる追加的費用を**限界費用**（marginal cost，**MC**）といい，下式のようになる。

$$MC = \frac{d(TC)}{dy} = c'(y) = \frac{dc}{dy} \tag{2.32}$$

また，生産物1単位当りの平均的費用を**平均費用**（average cost，**AC**）といい，つぎのようになる。

$$AC = \frac{TC}{y} = \frac{VC}{y} + \frac{FC}{y} = AVC + AFC \tag{2.33}$$

すなわち，平均費用＝平均固定費用＋平均可変費用 となる。

また，限界費用と限界生産性の関係はつぎのように求められる。

$$\frac{dc}{dy} = w\frac{dx}{dy} = \frac{w}{dy/dx} = \frac{w}{df(x)/dx} = \frac{w}{f'(x)} \tag{2.34}$$

すなわち，限界生産性が上昇すれば，限界費用は減少する。企業が操業を継続するためには，利潤は非負でなければならない。ここでは生産量の関数 $c(y)$ で表現できる。$\pi = py - c(y) > 0$，すなわち

$$p \geqq \frac{c(y)}{y} = AC \tag{2.35}$$

となり，また，利潤最大化の1階条件より

$$p = \frac{w}{f'(x)} = \frac{dc(y)}{dy} = MC \tag{2.36}$$

である。すなわち，最適生産点（利潤最大化）では，価格＝限界費用 が成立する。したがって，最適生産点では $MC \geqq AC$ あるいは $p \geqq AC$ となる。

2.3.6　生産物の供給曲線

ここまでの議論をまとめると，生産者は価格受容者であり，市場で決定された価格に基づいて利潤が最大になるように生産量を決定する。

図 2.15 にこれらの関係を示す。平均費用（AC）と平均可変費用（AVC）の間の値が平均固定費用（AFC）となり，両曲線は生産量が増大するほど間隔が狭くなる。

また，限界費用曲線（MC）は，平均費用曲線（AC）と平均可変費用曲線（AVC）の最低点を通過する。

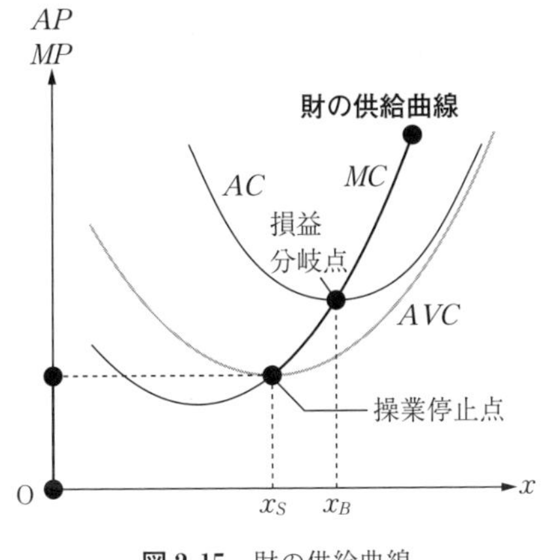

図 2.15　財の供給曲線

価格水準が $AC=MC$ になるとき，超過利潤は 0 で，収入と費用が均等になる。この水準が**損益分岐点**（break-even point）であり，そのときの価格を損益分岐点価格という。

価格水準が $AVC=MC$ 以下では，生産者は固定費用の回収すらできなくなり生産を中止する。この水準が**操業停止点**（shut-down point）であり，その価格を操業停止点価格という。

これらのプロセスから生産者は，価格が可変平均費用（AVC）の最低点より低ければ，生産活動を行わない。したがって，企業による財の**供給曲線**（supply curve）は，価格＝限界費用（$p=MC$）を満たし，かつ利潤非負条件（$AC<MC$）を満たすような部分（図中の太線部分）に該当する限界費用曲線が短期供給曲線になる。このとき，価格水準が AVC 以下では，生産しないので短期供給曲線は 0 となる。すなわち，原点と価格水準 AVC の間も短期供給曲線の一部と考える。

2.4　社会システムの外部性

2.3 節では消費者の効用最大化行動から需要曲線を導出し，生産者の利潤最大化行動から供給曲線を導出してきた。ここでは，社会システムを市場として分析する方法について述べる。

2.4.1　市場の需要曲線と供給曲線

これまで「個人」の消費者の需要曲線と生産者としての「企業」の供給曲線をそれぞれ定義した。社会＝家計全体に対する需要曲線は，その財を需要するすべての家計の需要曲線から導出される。したがって，市場に参加している消費者の需要曲線の水平和が市場の需要曲線になる。**図 2.16** にこの状況を示す。

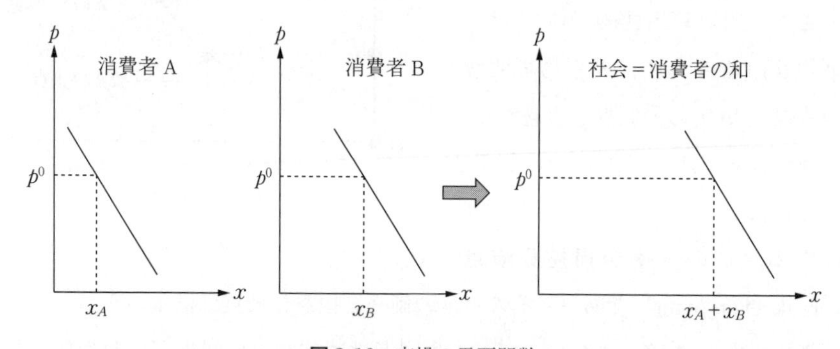

図 2.16　市場の需要関数

一方で，生者者は，利潤最大化のため生産物価格が限界費用に一致して，利潤非負の条件を満たすような生産物供給曲線（限界費用曲線）が与えられる。このとき，市場の需要曲線と同様に，市場に参加している生産者の供給曲線の水平和が，市場の供給曲線になる。すなわち，**図 2.17** のように示される。

ここまで，市場の需要関数・供給関数を求める方法を検討した。ここで消費者の効用最大化の結果として現れるものが「市場需要」であり，各生産者の最

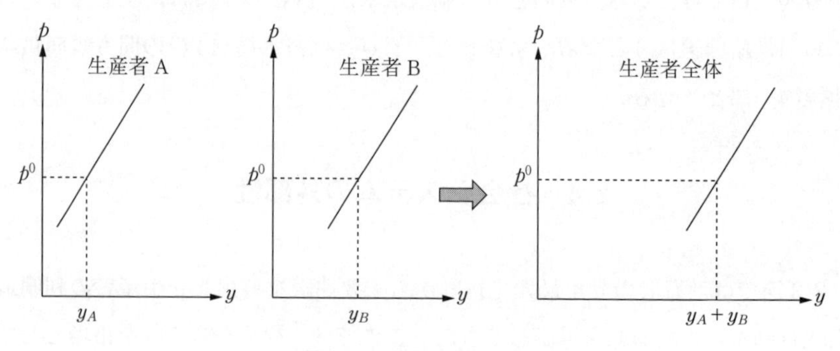

図 2.17　市場の供給関数

適化行動の集計として求められるものが「市場供給」である。したがって，

$S(p)$：市場供給，$D(p)$：市場需要とすると，**図2.18** のように，市場の需要関数と供給関数は，需要＝供給の点で均衡する。

ここで，E：**市場均衡点**（market equilibrium point）という。そのときの価格 p^0 を**均衡価格**（equilibrium price）という。また，y^0 は均衡生産量である。この場合は，消費者が全体として欲しいと思うだけの量を企業が全体として作り出していることになる。

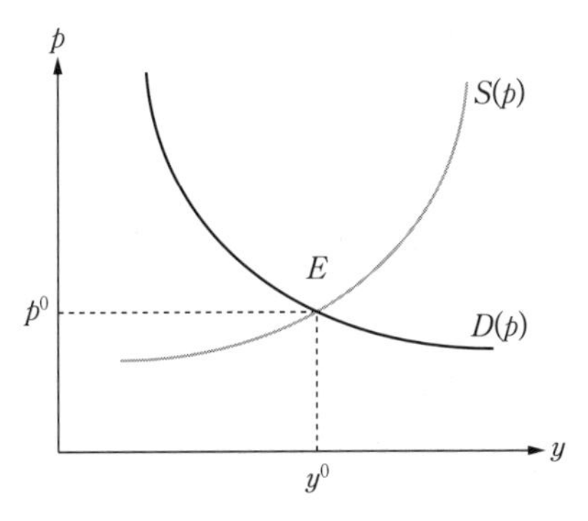

図2.18 市場均衡の概要

2.4.2 市場の安定性

市場均衡の安定性について考える。何らかの理由で，市場価格が均衡価格より乖離（かいり）した場合にどうなるかを検討する。

図2.19 を参照すると，均衡価格より高い価格 $p^1>p^0$ では，供給量が需要量を上回っている**超過供給**（excess supply）の状態となっている。この場合，市場価格の下落により超過供給が消滅し需給均衡が達成される。一方で，$p^2<p^0$ では，需要が供給を上回る超過需要の状態で，市場価格が上昇し超過需要が解

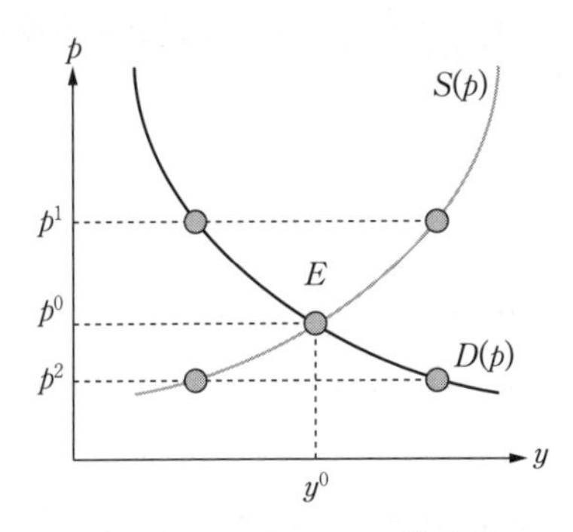

図2.19 ワルラス的調整過程

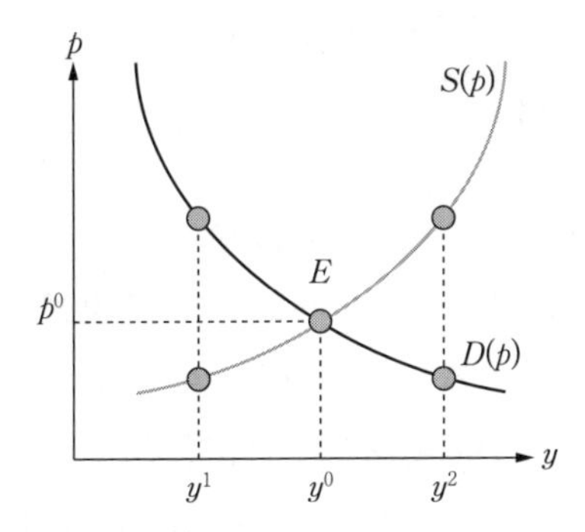

図2.20 マーシャル的調整過程

消に向かう。したがって，均衡点は E から乖離しても，やがて点 E へ戻ることになる。これを**ワルラス安定**（Walrasian stability）という。

つぎに，産出量に関する調整過程を考える。**図 2.20** において，生産量に関して $y^1<y^0$ であるとき，供給価格が需要価格を上回っており，生産者は生産量を増加させる。一方で，生産量が $y^2>y^0$ であるとき，供給価格が需要価格を下回っており，生産者は，生産量を減少させる。この場合も均衡点 E が安定であることがわかる。これを**マーシャル安定**（Marshallian stability）という。この 2 種類の安定性の違いは，価格または数量のどちらが早く調整されるかに対応している[6),9)]。

財の生産に時間がかかり，価格の変化に対して財の供給に時間差がある場合を考える。超過需要が発生すると価格が高騰する。価格が高騰すると，生産が増加し，超過供給になる。超過供給になると価格が下落する。価格が下落すると，超過需要が発生する。このような過程の繰返しとなる。

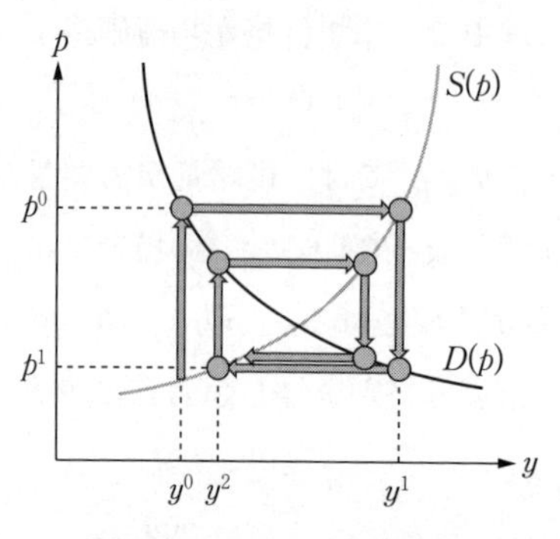

図 2.21　クモの巣調整過程

図 2.21 における経路をたどると，$y^0 \to p^0 \to y^1 \to p^1 \to y^2 \to p^2 \to$ の過程となる。これを**クモの巣過程**（cobweb process）という。

この過程はすべての場合に成立するわけではなく，需要関数と供給関数の傾きによって，収束する場合と発散する場合がある。

2.4.3　完全競争市場

価格が一定であるとして，**完全競争市場**（perfect competition market）の条件を考える。① 消費者と生産者は市場価格を与えられたものとして行動する価格受容者である。② 消費者・生産者は多数存在し，個々の取引量は全体に比べて十分に小さい。長期には生産者の市場への参入・退出は自由である。③ 同種類の財を作る企業の生産物は同質である（財の同質性）。④ 個々の消費者・生産者は，市場価格や財の特性について完全な情報を持っている（完全情報）。

これらの条件が一つでも満たされない場合，**不完全競争市場**（inperfect competition market）という。完全情報市場では，市場全体での供給量は供給曲線と需要曲線が交わるところで決まり，その量を多数の同質企業が供給する。

市場経済では，財・サービスは価格を媒介として，人びとの自由な判断により市場で供給され，需要される。市場を通じた需要と供給は，市場が十分に競争的なら過不足なく行われ，財とサービスは必要なところに必要なだけ配分される。

ところが，公共サービスは，いったん供給されると住民は需要を余儀なくされる。政府や地方自治体が公的資金を投入して供給する。すなわち，市場機構によっては社会的に望ましい状態が達成されない場合がある。これを，**市場の失敗**（market failure）という。市場の失敗の事例として，不完全競争，公共財，外部不経済，不確実性などがあげられる。

2.4.4　公共財と最適供給

市場の失敗として，公共財を取り上げる。多くの社会インフラストラクチャ（インフラ）（橋梁・街路・歩道・公園など）では，公共的な財・サービスを考える。これらは，市場機構が機能する**私的財**（private goods）ではないということから公共財と呼ばれる。すなわち，私的財（パンなどは）誰かが消費すれば他の者は消費できないが，公共財はそうではない。

このような，**公共財**（public goods）の性質は，排除不可能性と非競合性で示される。ここで，**排除不可能性**（non-excludability）とは，非排除性ともいわれる。いったん供給されると，消費は対価を支払うか否かにかかわらずそのザービスを消費することができる性質である。また，**非競合性**（non-rivalness）とは，一人の個人が消費しても，それによって個人の消費が妨げられないという性質である（**等量消費性**ともいう）。

非競合性と非排除性の両方の性質を持つ財を**純粋公共財**（pure public

goods）という。一方で，完全に両方の性質を持つとはいえないが，公共的な意味が強い財を**準公共財**（quasi public goods）という。

ここで，公共財の最適供給はどのように供給されるべきかを考える。私的財は競争市場で供給される通常の財であり，非排除性と競合性が満たされる。したがって，個人の需要曲線を横に合計した社会全体の需要関数と，社会全体の供給関数との交点で最適な供給量が決定される。

公共財の場合は，非競合性（等量消費性）があるため，どの消費者も同じ量を消費する[3),9),12)]。したがって，私的財の場合（図2.16参照）のように横に合計するのではなく，各個人の需要曲線を縦に合計したものが社会全体の需要量になる。これを具体的に示したものが**図2.22**である。消費者Aの需要と消費者Bの需要は同じであり，需要に対する限界評価が合計されたものとなる（D_1+D_2）。

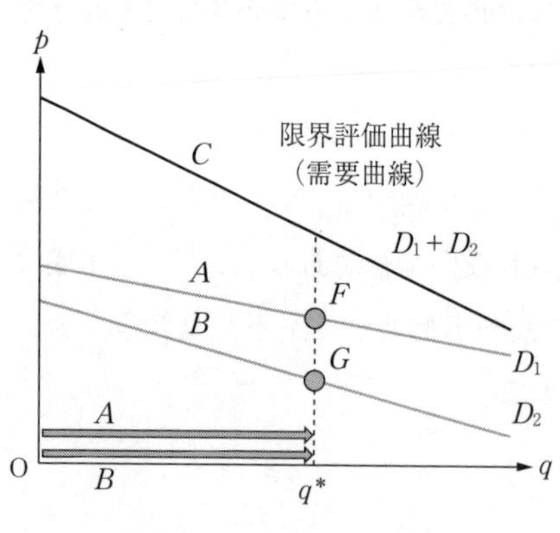

図2.22　公共財の需要曲線

この場合，需要曲線は需要量に対して消費者が支払ってもよいと思われる金額を示す**限界便益**（marginal benefit）を表している。これを限界便益曲線あるいは限界評価曲線という。このようなことから，公共財の最適供給量は，個人の需要曲線（限界便益曲線）の和が，限界費用（供給曲線）と一致するように求められる。

公共財では，各個人が限界評価に等しい対価（価格）を支払う場合に最適供給が実現する。しかしながら，この対価額は表明されない。公共財は一度供給されると，対価を支払わないでも消費することができることから，ただ乗り（フリーライダー）が発生するため，市場は失敗する。

2.4.5　外部不経済

競争市場であっても効率的な資源配分ができない場合には市場は失敗する。

この代表的事例が外部不経済である。

例えば，都市圏で鉄道が建設されると，利用者にとっては，通勤・通学・買物などの移動の時間短縮や移動の快適性が向上する。また，鉄道沿線の住民にはとっては，自動車利用の減少から排気ガス・騒音の減少，あるいは道路混雑の減少，地価（土地の付加価値）の上昇が発生する。このように経済主体が，他の経済主体に影響を及ぼすことを**外部効果**（external effect）という。外部効果による影響が受け手にとって望ましいときには，**外部経済**（external economy）という。また，その影響が受け手にとって望ましくないときは，**外部不経済**（external diseconomy）と呼ばれる。

ここで外部効果のうち，経済主体が，市場を経由しないで直接他の経済主体に影響を及ぼすことを**技術的外部効果**（technological external effect）という。また，高速道路を建設する → 周辺地価が上昇する → 地主が儲かる という場合も外部効果であるが，市場価格を通じた影響であるので，**金銭的外部効果**（pecuniary external effect）という。技術的外部効果は市場の失敗の要因となるが，金銭的外部効果は市場の失敗の要因ではない。したがって，単に外部効果というときは，技術的外部効果を指している場合が多い。

2.4.6 余 剰 分 析

これまで，完全競争市場は規範的で望ましい市場であることが示された。ここでは，市場の良否を判断するための方法としての余剰分析について述べる。

ここで，需要関数の意味を考えてみる。需要曲線は，消費者がある財の価格と所得に基づいて，いくら消費したいかを示したものであった。したがって，需要曲線の高さは消費者が需要するのに支払ってよいと考える金額である。これを**支払い意思額**（willingness to pay）という[2),4),9)]。

図 2.23 のように，市場均衡価格が p_0 であるとする。この場合，消費者は最初の 1 単位について，p_0 よりかなり高価な p_A を支払ってもよいと考えている。以下同様に x_E 単位目の消費に対して，ちょうど p_0 を支払ってよいと考えている。需要曲線は限界評価曲線と考えることができるので，需要曲線を横軸方向

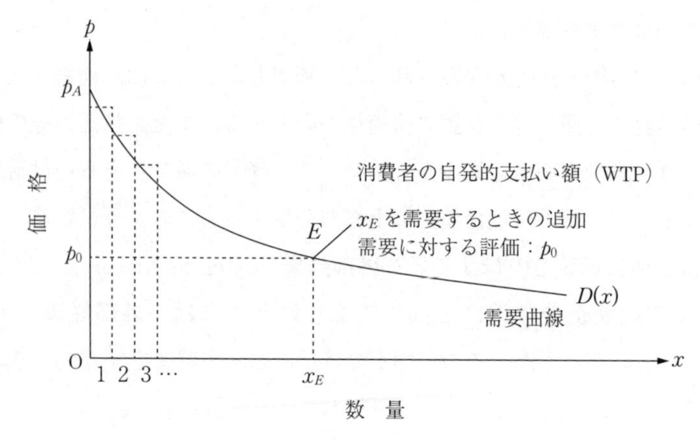

図 2.23　限界評価を表す需要曲線

に 0 から x_E まで積分した値は，消費者が x_E 単位までに，支払ってもよいと思う総額（支払い意思額）を表している。すなわち

$$W=\int_0^{x_E} D(x)dx \tag{2.37}$$

である。このとき，**図 2.24** に示す需要関数に基づいて消費者の便益を考える。図において消費者の限界評価は需要曲線 $D(x)$ の高さに等しい。市場均衡価格 p_0 との垂直差は，消費者が実際は支払わなくて済んだ部分を表している。

つまり，財を消費する場合の総評価額（自発的支払額）は p_AOx_EE，財を消

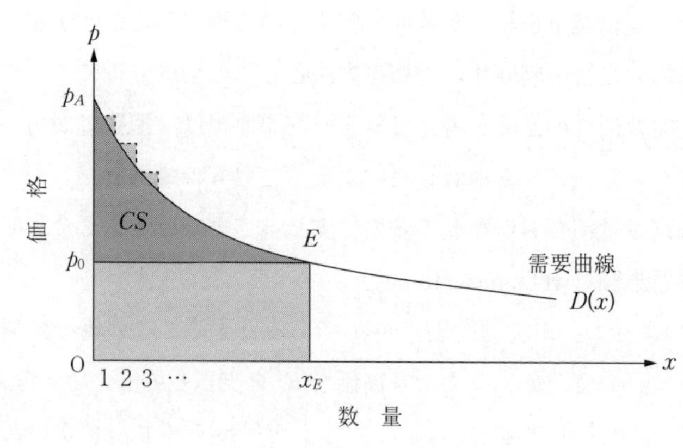

図 2.24　消費者余剰の算定

費する場合の実際の支払額は p_0Ox_EE である。したがって，消費者の得た純便益の合計は，両者の差（CS）として算定される。この値を**消費者余剰**（consumer's surplus，**CS**）という。

この例では，消費者余剰（CS）＝総評価額－実際の支払額 であるから，CS＝p_Ap_0E で算出できる。

一方で，供給者は，与えられた生産物価格のもとで利潤を最大化する。このとき，**図 2.25** より，限界費用曲線＝供給曲線 なので，総生産費用は，限界費用曲線の下の部分を積分して求められる。すなわち

$$S=\int_0^{x_E} MC(x)dx \quad (2.38)$$

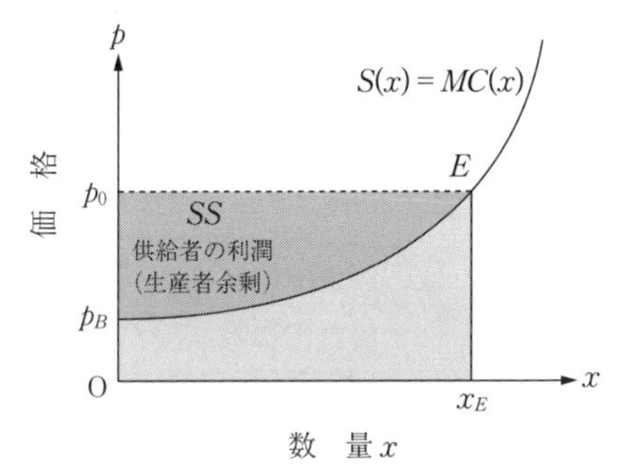

図 2.25　生産者余剰の算定

である。このとき，実際の価格と受け取りたい金額の差額を**生産者余剰**（supplier's surplus，**SS**）という。すなわち，市場均衡価格 p_0 で x_E だけ販売されるので生産物の売上額は p_0Ox_EE となる。また総生産費用は S＝p_BOx_EE である。したがって，供給者の利潤（生産者余剰）は，SS＝p_0Ox_EE－S＝p_0p_BE となる。

さらに，生産者余剰と消費者余剰の和を**社会的余剰**（social surplus）と呼び，供給によって増加した社会的厚生の大きさを表している。すなわち，社会的余剰＝生産者余剰＋消費者余剰（SS＋CS）である。すなわち，社会的余剰の最大点では，社会的限界評価＝社会的限界費用 となるわけである。

これまでの議論を踏まえると，**図 2.26** に示すように，社会的余剰が最大になる需要量 x^* と価格 p^0 は，競争的市場で実現される。

したがって，価格調整過程に従って，均衡価格に安定する（2.4.2 項参照）。経済の変化が社会的に望ましいかどうかの判断ではパレート改善を考える。

これは 1 章のゲーム理論で定義されたものとまったく同様である。すなわち，すべての消費者の状態が以前より悪くならず，かつ少なくとも一人の消費

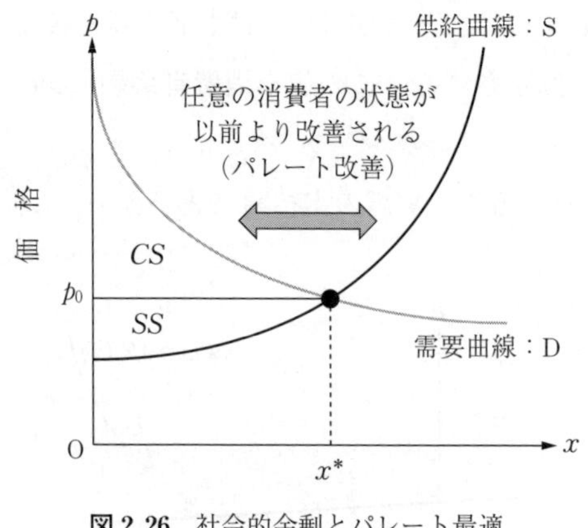

図 2.26　社会的余剰とパレート最適

者の状態が以前より改善されることを**パレート改善**という。パレート改善を繰り返し，それ以上のパレート改善が不可能になったとき，**パレート最適**という。すなわち市場均衡では，社会的余剰は最大となり，パレート最適状態となる。したがって，市場均衡の状態に対して，x^*より供給量が減少しても増加しても社会的余剰は減少する。

2.4.7　外部効果の補正

社会システムのうち，鉄道網・高速道路網・国際空港などのインフラの整備が行われると，経済効果として地域経済活動が広域的になり，雇用機会が増加するとともに，地域所得の増大などが期待される。一方で，地域の交通量の増加から，道路混雑，騒音問題，環境汚染などの外部効果が発生する。すなわち，生産者が副産物として外部不経済を発生させている場合に対応する。

外部不経済は，**私的限界費用**（private marginal cost）と**社会的限界費用**（social marginal cost）の間に乖離が生じていることに起因すると考えることができる。すなわち，生産過程で外部不経済が発生しているとき，競争的市場で需給が一致していても社会的余剰は最大になっていないということである。

生産者が負担する費用が私的限界費用だけである場合には，社会的限界費用との乖離分を社会が負担することになる。このような状況を示したものが**図 2.27** である[9),12)]。

生産者は，外部費用を財の生産費用の計算に入れていない。このため，市場供給量 x_E は，最適供給量に比べて過剰になっている。

このとき，政府が最適供給量に対応する限界外部費用（$SMC-PMC$）の額

t を供給者に課す。この税を**ピグー税**（Pigovian tax）という。これより生産者にとって現実の限界費用が社会的限界費用に等しくなる。この結果として，生産量は $x_E \to x^*$ に変化する。このように，外部不経済を社会的余剰が最大になるように調整することを**外部不経済の内部化**という。

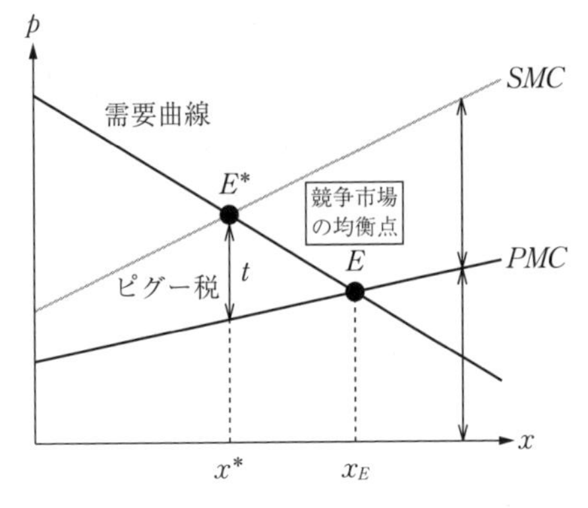

図 2.27 外部不経済の内部化

2.4.8 コースの定理

外部効果があるときの当事者間の交渉で効率的な資源配分（パレート最適）が達成されるかどうかを考える。例えば，公害を発生させている企業と被害を被っている住民を考える[10)]。

ここで，生産量が y のときの私企業の利潤は $px-c(y)$ である（利潤関数）。また，生産量が y のときの社会が被る被害を $d(y)$ とする（損害関数）。社会全体の利益は，私企業の利潤から，社会が被る被害（外部不経済）を除いたものであるから，$\pi=px-c(y)-d(y)$ と表せる。

この利潤関数と損害関数を**図 2.28** に示している。例えば，生産量が y_1 のとき，生産者は利潤の変化率が大きいので，住民に補償金を支払っても生産を拡大したいと考える。住民は公害の損害が大きくないので，損害賠償の契約に応じると考えられる（利潤関数の勾配＞損害関数の勾配）。一方で，生産量が y_2 のとき，住民は公害の損害の程度が大きく，生産者に補償金を支払っても損害の減少を望むと考えられ

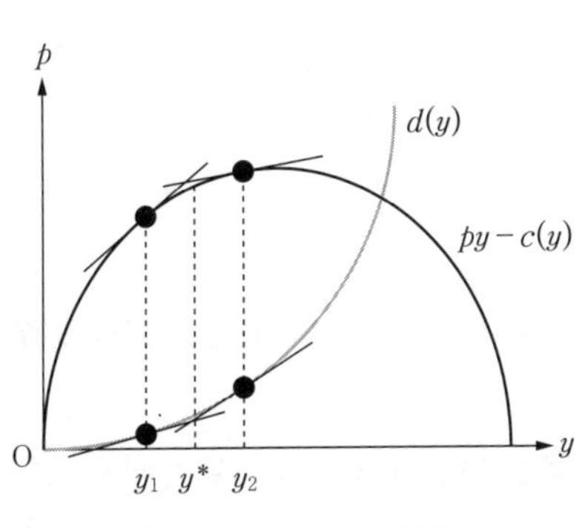

図 2.28 コースの定理

る。このとき生産者は，生産量の減少により利潤の減少は少ないので，生産量減少の契約に応じると考えられる（損害関数の勾配＞利潤関数の勾配）。

これは，外部不経済があっても，そこに交渉で市場が成立すれば，社会的最適を達成することは可能であることを示している。また，生産者が住民に損害賠償金を支払っても，逆に住民が生産者に対して補償金支払って，外部不経済を減少させても，同じ社会的最適が実現されるということである[9),12)]。これを**コースの定理**（Coase theorem）と呼ぶ。

2.4.9　不完全競争の理論

完全競争を成立させる条件のうち，① 生産物の同質性，② 多数の消費者・生産者の条件が満たされない市場を**不完全競争**（imperfect competition）という。不完全市場を企業数で分類すると，一企業の場合を**独占**（monopoly），少数企業のときを**寡占**（oligopoly），2 企業の場合を**複占**（duopoly）という。

私的企業のほかに，電気・ガス・水道などの公益事業では，地域的に独占的企業が存在する。企業の数か限られている場合を考える。例えば，ある財の供給について，右下がりの需要曲線で示される量をすべて一企業で満たすような企業を考える。

財の価格は，この企業の生産量水準の関数であり，つぎのように示される。

$$p = p(y) \tag{2.39}$$

独占企業は，自らの生産量（市場での販売量）を変更するため価格を変化させることができる。したがって，これまでの分析は価格受容者であったのに対して，生産者（企業）は価格設定者となっている。ここでは，特定の財だけに着目する。すなわち，**部分均衡**（partial equilibrium）を考える。

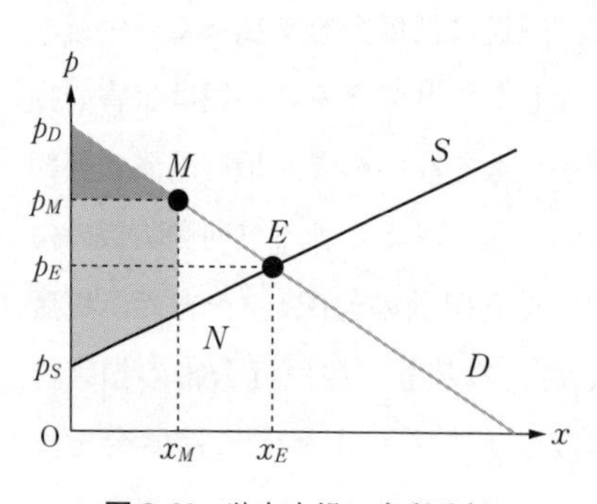

図 2.29　独占市場の余剰分析

図 2.29 に示すような需要関数と供給関数を考える。この財が完全競争企

業によって供給されるときは，価格は$p_E=Ex_E$（均衡価格＝限界費用）となる。一方で，この財が独占企業によって供給されているとき，独占企業の最適供給量は，完全競争企業の供給量より少なく（$x_M<x_E$），価格は限界費用価格より高い（$p_M>p_E$）。すなわち，完全競争下の価格水準に比べて，独占下の価格は高いということである。

つぎに，不完全競争下の社会的余剰を計算してみる。完全競争市場の場合は，定義により消費者余剰：$CS^E=p_DEp_E$，生産者余剰：$PS^E=p_EEp_S$であるから，社会的余剰：$SS^E=CS^E+PS^E=p_DEp_S$である。

独占市場において，社会的余剰を計算する。消費者余剰：$CS^M=p_DMp_M$となり，消費者の厚生は下落する。また，生産者余剰：$PS^M=p_DMNp_S$となる。したがって，社会的余剰は，$SS^c=CS+PS=p_DMNp_S<p_DEp_S=SS^E$となる。

すなわち，社会的余剰は，完全競争下より明らかに減少している。その差：MENを**死荷重**（dead weight loss）あるいは**死重損失**という。

2.5 一般均衡分析

これまで，特定の財の市場に関して，市場の均衡状態を分析した。このような手法は**部分均衡分析**（partial equilibrium analysis）と呼ばれる。実際の経済では多数の財の価格の動きから判断が行われる。すべての財の価格体系に依存して個々の財の需要量が決定される。すべての財市場を同時に分析する方法を**一般均衡分析**（general equilibrium analysis）という。ここでは，簡単な一般均衡問題を取り上げて議論を行う。

2.5.1 一般均衡分析の問題

社会的余剰は，市場が完全情報下にあるとき最大化されることがわかった。ここでは，簡単な**一般均衡**（general equilibrium）を考える。すなわち，消費者が二人（A, B），財が2財で（x_1, x_2）の消費量があるとき，二人の消費者の間の財の交換を考える。

ここで，交換が行われる前の初期保有量を $W_A=(\overline{x}_1{}^A, \overline{x}_2{}^A)$，$W_B=(\overline{x}_1{}^B, \overline{x}_2{}^B)$ とする。この二人の消費者が財の交換をすることにより，初期に得ていた効用水準を得ることは可能かどうかを考える。

二人の消費者が財を交換する場所が市場である。貨幣を用いた市場ではなく，生産活動は行わないため，**純粋交換モデル**（pure exchange model）といわれる。ここで，各財の保有量の合計は一定であるとする。すなわち，$\overline{x}_1=\overline{x}_1{}^A+\overline{x}_1{}^B$ かつ $\overline{x}_2=\overline{x}_2{}^A+\overline{x}_2{}^B$ である。

また，すでに学習したようにA，Bの消費者行動は，効用最大化である。このため，Aさんの無差別曲線群とBさんの無差別曲線群をそれぞれ描くと，**図2.30** の左図のようになる。ここで，両者の無差別曲線群を一つにまとめるため，Bさんの無差別曲線群を180°回転して，Aさんの無差別曲線群に合わせたものが図2.30右図である。この箱型の図面を**エッジワースのボックスダイアグラム**（Edgeworth's box diagram）という[2),4),6)]。

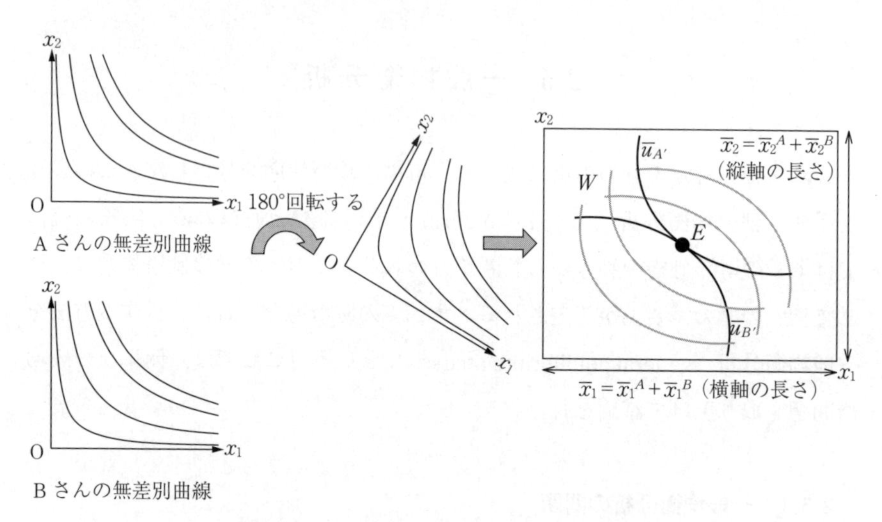

図2.30　エッジワースのボックスダイアグラム

ここで，**図2.31** に示すように初期保有点 W を通る無差別曲線を $\overline{u}_A, \overline{u}_B$ とする。これらの無差別曲線で囲まれたレンズ型の領域の中に移動すると，Aさん，Bさんともに初期保有点より効用水準が増加する。この場合，例えばA

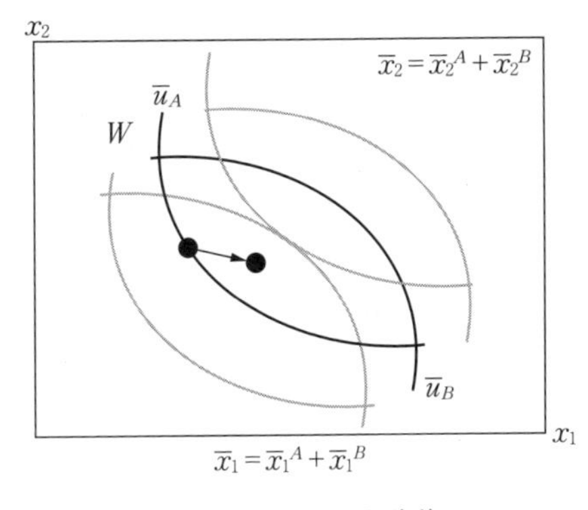

図 2.31 パレート改善

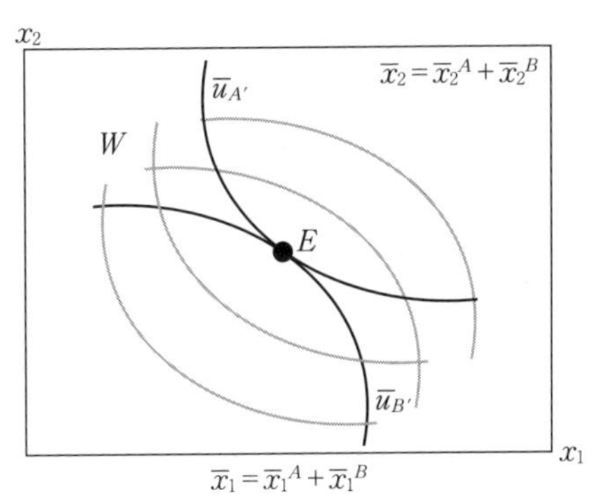

図 2.32 パレート最適

さんがBさんに少し第2財を譲り，第1財をBさんから少しもらうと，点は右下に移動する（効用水準が増加する）。

これが交換によりもたらされた利益である。このように，誰の効用をも引き下げることなく，少なくとも一人の効用水準を上昇させることを**パレート改善**（pareto improvement）という。すなわち，このレンズ形の部分は，パレート改善を与える解の集合であるといえる。

つぎに，**図 2.32** のような場合を考える。これは市場での交換後，点 E で2財を消費することになった場合に対応しており，無差別曲線が背中合せに接している。すなわち，レンズ形の領域がない場合である。この点 E から右下に移動すると，両者とも効用水準は下落する。このような「もはや何びとも，他者を不利にすることなく，自己を有利にすることができなくなった状態」のことを，**パレート最適**（Pareto optimum）という。すでに学習した概念である（1.2.6 項および 2.4.5 項参照）。

すなわち，点 E からどの方向に移動しても，少なくとも2者のうち一方の効用水準は必ず下落する。したがって，パレート最適点は，無差別曲線の接点となる。無差別曲線は多数描くことができるので，多数のパレート最適点を求めることができる。

図 2.33 のようにパレート最適点を連ねたものを**契約曲線**（contract curve）

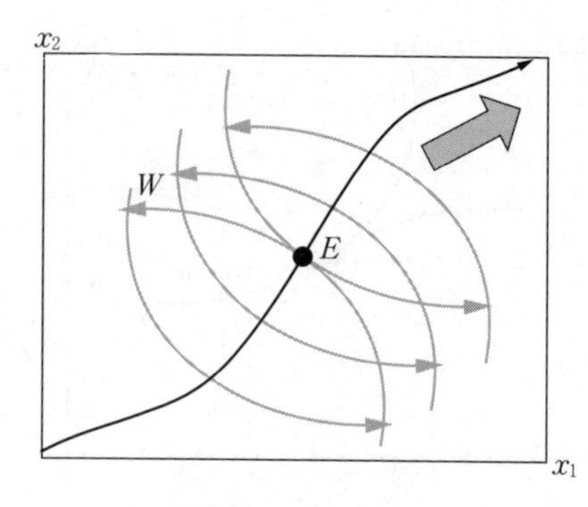

図 2.33　契 約 曲 線

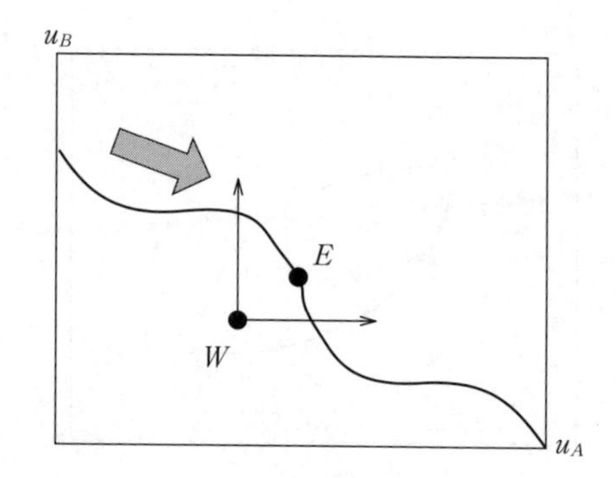

図 2.34　効用可能曲線（A，B 両者の効用水準はトレードオフ）

という。すなわち，無差別曲線が背中合せに接している点の軌跡である。この曲線では，無差別曲線の傾きである限界代替率が等しくなっている。

また，**図 2.34** のように契約曲線上の A さんと B さんの効用水準の関係を示す曲線を**効用可能曲線**（utility possibility curve）という。B さんの効用が減少すると A さんの効用が増加することを示している。初期保有量から得られる効用水準の組合せが点 W である。また，点 E は点 W をパレート改善して得られる。

2.5.2　厚生経済学の基本定理

図 2.35 に示すように競争均衡点 E では，無差別曲線が背中合せに接している。つぎに示すように，共通接線の傾き p_1/p_2 で効用最大化条件が成立する。

$$MRS^A = MRS^B = \left(\frac{p_1}{p_2}\right)^E \tag{2.40}$$

限界代替率がともに価格比率に等しい。点 E は契約曲線上の点であるからパレート最適性が満たされる。

すなわち，「任意の市場均衡はパレート最適である」ということがわかる。これを**厚生経済学の第 1 定理**（the first theorem of welfare economics）という。

また，パレート最適点は，均衡点 E 以外にも多数ある。点 W から出発して，

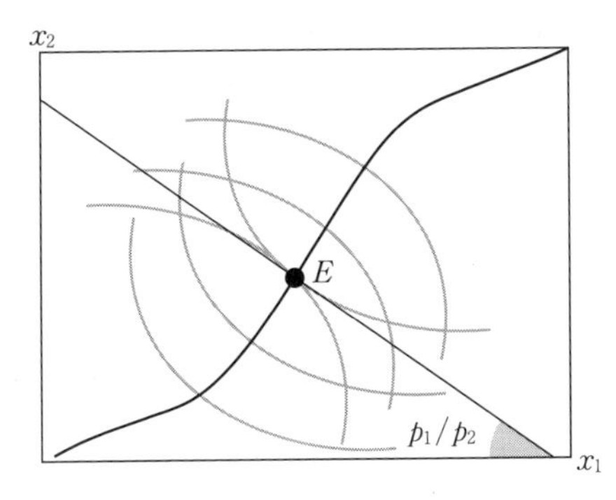

図 2.35　厚生経済学の第 1 定理

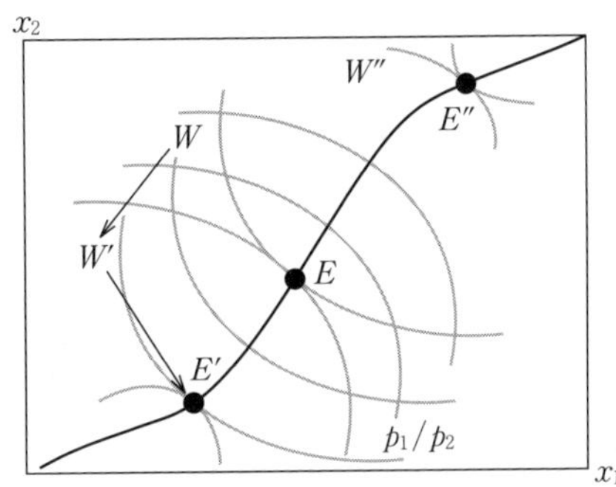

図 2.36　厚生経済学の第 2 定理

契約曲線上の任意のパレート最適点に到達することができる。

したがって，「財の総量を所与として得られる任意のパレート効率的な配分（契約曲線上の任意の点）は，適当に初期保有量を再配分して得られる経済の市場均衡として達成される」。これを**厚生経済学の第 2 定理**（the second theorem of welfare economics）という（**図 2.36**）。

演　習　問　題

【1】 つぎに示す効用関数が与えられるとき，x_1-x_2 平面上に無差別曲線を描け。

（1）$u=(x_1+x_2)^2$：効用レベル $u=1, 4, 9$ の無差別曲線を描け。

（2）$u=\min\{x_1, x_2\}$（レオンチェフ（Leontief）型効用関数）：効用レベル $u=1, 2, 3$ の無差別曲線を描け。ただし，$\min\{x_1, x_2\}$ は x_1, x_2 の小さいほうの値を示す。

【2】 ある消費者の効用関数がつぎのように与えられている。

$u=x_1^{\ 1/2}x_2^{\ 1/3}$　（x_1：第 1 財の消費量，　x_2：第 2 財の消費量）

このとき，以下の問いに答えよ。

（1）第 1 財・第 2 財の限界効用関数をそれぞれ求めよ。

（2）第 1 財・第 2 財の消費に関して，限界効用逓減の性質があるかとうかを確認せよ。

（3）$u=u^0$（定数）に対応する無差別曲線を表す式を求めよ。

（4）$u^0=1, 2, 3$ それぞれに対応する無差別曲線を図示せよ。

【3】 消費者の効用関数がつぎのように与えられている。

$u=10(x_1+4)x_2$　（x_1：第 1 財の消費量，x_2：第 2 財の消費量）

各財の価格が $p_1=10$，$p_2=20$，所得が $I=200$ とするとき，以下の問いに答えよ。

（1） 消費者の効用最大化問題を定式化せよ。

（2） この消費者の最適消費量を求めよ。

（3） 最適消費量のときの効用値はいくらか。

【4】 つぎのコブ・ダグラス（Cobb-Douglas）型効用関数を用いて，効用最大化問題を解く。このとき，以下の問いに答えよ。

$u=x_1^{\alpha}x_2^{\beta}$,　$\alpha+\beta=1$,　$\alpha>0$, $\beta>0$

$p_1x_1+p_2x_2=I$

（1） ラグランジュ関数を示せ。ただし，ラグランジュ乗数を λ とせよ。

（2） この問題の1階の条件を示せ。

（3） 通常の需要関数を求めよ。

（4） 間接効用関数を求めよ。

（5） 間接効用関数を I について解くことによって支出関数を求めよ。

（6） 通常の需要関数の I を，支出関数で置き換えることによって，補償需要関数を求めよ。

【5】 財1，財2の消費量をそれぞれ x_1, x_2 とするとき，消費者の効用関数が $u(x_1, x_2)=x_1 \cdot x_2^2$ で与えられる。また，財の価格はそれぞれ $p_1=5$，$p_2=2$ とする。このとき，以下の問いに答えよ。

（1） 効用水準を u_0 とするとき，支出最小化問題を定式化せよ。

（2） $u_0=25$ のときの消費者の各財の消費量を求めよ。

【6】 ある消費者が当初に所有している貨幣20の一部を用いてある財を購入する。消費者の効用関数は，財の消費量 x と貨幣の残高 y に依存して，$u=16\sqrt{x}+y$ であるとする。他方，ある企業がこの財を生産し，その費用関数は生産量 x に依存し，$c=1+x^2/2$ であるとする。なお，消費者および企業はプライステイカーとして行動する。このとき，以下の問いに答えよ。

（1） 財の価格を p，貨幣の価格を1とするとき，消費者の需要関数を求めよ。

（2） 同様にして，企業の供給関数を求めよ。

（3） 市場均衡点における財の消費量と均衡価格を求めよ。

（4） 当初の消費者の効用はいくらか，また市場均衡時の消費者の効用はいくらか。

【7】 ある企業の生産関数が $q=20s^{1/2}r^{1/2}$ で与えられるとする。ここで，資本 s の要素価格が1単位当り2，労働 r の要素価格が1単位当り8とする。このとき，以下の問いに答えよ。

（1） 費用を最小化するときの資本 s と労働 r の最適値を求めよ。

（2）　完全競争下で生産したときの総費用関数を求めよ。

【8】　ある企業の総費用曲線が下記の式で表されるとき，以下の問いに答えよ。

$$TC=y^3-8y^2+14y+144$$

（1）　限界費用（MC）関数と平均可変費用（AVC）関数を求めよ。

（2）　損益分岐点における生産量を求めよ。

（3）　操業停止点における生産量を求めよ。

【9】　pを市場価格とし，産業全体についての需要関数：$3-2p$，供給関数：$4p-3$が与えられるとき，生産者余剰と消費者余剰はいくらになるか。ただし供給の固定費用は0とする。

【10】　二人の消費者（A, B）の存在する社会において，それぞれ消費者の「公共財」に対する限界評価曲線（需要曲線）は，それぞれ，$p_A=6-q$，$p_B=7-q$である。また，この公共財供給のための平均費用（＝限界費用）は，3（一定値）であるとする。このとき，以下の問いに答えよ。

（1）　消費者Aだけが単独で公共財を需要した場合の，消費者Aの公共財の消費量（数値）と消費者余剰（数値）を算定せよ。

（2）　消費者Bだけが単独で公共財を需要した場合の，消費者Bの公共財の消費量（数値）と消費者余剰（数値）を算定せよ。

（3）　社会全体での公共財の需要曲線（数式）を求めよ。

（4）　社会全体でパレート最適を実現するための公共財の最適供給量（数値）を求めよ。また，そのときの社会全体の消費者余剰（数値）と生産者余剰（数値）を算定せよ。

（5）　前問（4）の社会的余剰は，消費者A，Bがそれぞれ単独で公共財を需要したときの社会的余剰の合計の何倍になっているか算定せよ。

【11】　消費者Aと消費者Bしか存在しない経済において，消費者Aの需要曲線は$p_A=2\,000-30q_A$，消費者Bの需要曲線は$p_B=1\,000-20q_B$である（p_A, p_B：価格，q_A, q_B：消費量）。また，公共財の限界費用は500円で一定とする。この経済における公共財の最適供給量を考える。このとき，以下の問いに答えよ。

（1）　この経済全体の需要関数を求めよ。

（2）　公共財の最適供給量はいくらか。

【12】　S市の企業Aと企業Bの間には外部性が存在し，X財を生産する企業AがY財を生産する企業Bに外部不経済を与えているとする。各企業の費用関数は以下のように表される。

$C_A=3x^2+10$　（C_A：A企業の総費用，x：A企業の生産量）

$C_B=y^2+2xy+8$　（C_B：B企業の総費用，y：B企業の生産量）

また，X財の市場価格は120，Y財の市場価格は60とする。このとき，以下の問いに答えよ。

（1） 企業A・企業Bの限界費用曲線（数式）をそれぞれ求めよ。

（2） 企業Aの利潤最大化問題の目的関数（π_A）を定式化せよ。

（3） このとき企業Aの最適生産量を算定せよ。

（4） 前問（3）の結果を踏まえて，企業間の調整が行われる場合の企業Bの最適生産量を算定せよ。

（5） 同市ではA企業に対しX財の生産量1単位につき30の税を課す政策を行う。このときA企業とB企業の生産量をそれぞれ算定せよ。

【13】 消費者Aと，2種類の財x，yからなる経済を考える。消費者Aの効用関数を$u_A=u(x_A, y_A)=x_A \cdot y_A$とする。また，財の消費量を$x_A, y_A$，価格を$p_x, p_y$，所得を$I_A$とする。このとき，以下の問いに答えよ。

（1） 消費者Aが，貨幣所得48で，財の価格が$p_x=2$，$p_y=6$で消費行動を行うとき，消費者Aの予算制約式を示せ。

（2） 消費者Aの効用最大化問題を解く場合のラグランジュ関数を示せ（ラグランジュ乗数をλとせよ）。

（3） 消費者Aの均衡消費量（x_A, y_A）を算定せよ。

（4） つぎに，消費者Bが参加した交換経済を考える。消費者Bの効用関数は，$u_B=u(x_B, y_B)=3x_B+2y_B$であり，経済の総資源量は（10, 10）であるとする。消費者Bの限界効用MU_x^B，MU_y^Bと限界代替率MRS^Bを算定せよ。

（5） パレート効率性の条件から，契約曲線式（y_Aをx_Aの関数で表す）を求めよ。

（6） 前問（5）で得られた契約曲線を，ボックスダイヤグラムに図示せよ（なお，グラフの境界線との交点には座標を示せ）。

【14】 （エクセル演習） 企業の利潤をπとして，利潤（π）の最大化問題を考える。ここで生産要素として，労働投入量L，原材料の投入量x，このときの生産量をyとする。生産関数を$y=6L^{1/3}x^{1/2}$として以下の問いに答えよ。

（1） 生産物1単位当りの市場価格をp_y，労働の賃金率をw，原材料の価格をpとする。このとき，利潤最大化問題を定式化せよ。

（2） $p_y=120$，$w=80$，$p_x=100$とするとき，前問（1）をソルバーを用いて解け。

3 プロジェクト評価手法

本章では，社会システムの計画を考えるにあたり，プロジェクトの有効性を評価する方法を紹介する。ここでは，2章で学習した経済分析手法を用いて，費用・便益分析を中心とした，プロジェクトの経済評価の理論的背景と具体的評価手法について述べる。また，プロジェクト評価の中でも景観・地球環境などの非市場財の経済評価を行う場合の代表的手法を学習する。

3.1 プロジェクト評価と費用便益分析

都市施設整備や交通施設整備，防災施設整備などのプロジェクトは，税金などの公的資金を用いて実施される場合が多い。民間で供給される財・サービスならば，それが自身にとって必要でないと判断すれば購入しないという選択が自由に行えるし，購入しなければ料金を支払う必要もない。

しかし，税金は国民の義務として支払わなければならないものであり，かりにプロジェクトが自身あるいは社会にとって必要でないと判断した場合でも，原則として税金による費用負担を免れることはできない。そのため，プロジェクトを実施する政府は，実施するプロジェクトの必要性を適正に評価し，それが国民，住民にとって有益なものであることを明確に示す必要がある。これが，プロジェクト評価の必要な理由である[1)]。

3.1.1 プロジェクト評価の概要

公共のプロジェクトは，一般には民間で供給されない財・サービスを政府が代わって供給するものである。そのため，まず政府は当該プロジェクトを実施すべきか否か（採否）を決める。つぎに，プロジェクトの実施にいくつかの方法がある場合は複数の代替案を提示し，その中から望ましい案を選択することになる。それらの決定を，国民，住民にとって必要であるのかという観点から行うものが**プロジェクト評価**（project evaluation）である。

プロジェクト評価は，**有無比較法**（with and without comparison）により実施される。有無比較法とは，プロジェクトが実施された場合（あり：with）とされなかった場合（なし：without）の社会状況を比較してその必要性を判断する方法である。ただし，それらの状況は同時に成立することがないため，通常はそれぞれの社会状況の予測を行い，その予測結果を比較してプロジェクトの必要性が評価される。そのため，有無比較法は予測モデル法とも呼ばれる[2)]。

有無比較法以外には，**前後比較法**（before and after comparison）や**地域比較法**（study and control areas comparison）などがある。前後比較法とは，プロジェクトの実施前と実施後を比較する方法である。これには，実施前と後では，プロジェクト以外の要因によっても社会状況が変化するため，プロジェクトの効果のみを抽出できないという問題がある。地域比較法は，プロジェクトが実施された地域（study area）と社会経済構造が似ている類似地域（control area）を比較する方法である。この場合は，完全に同じ地域を取り出すことは不可能なため，この方法もプロジェクトのみの効果が抽出できないという問題がある。以上より，有無比較法は社会状況の予測が必要であるため結果に不確実性が生じるものの，プロジェクト実施の有無のみが違う社会状況を比較できるため，純粋にプロジェクトの影響が抽出できる点で有効とされる。

3.1.2　プロジェクトの効果

プロジェクトは，社会にさまざまな影響をもたらす。**図 3.1** は，道路整備を例に，プロジェクトの影響を示したものである[3)]。

道路建設により，まず建設関連需要が増加し，それによる企業生産が増加するという効果が生じる。道路供用後は，所要時間短縮効果および所要費用節約

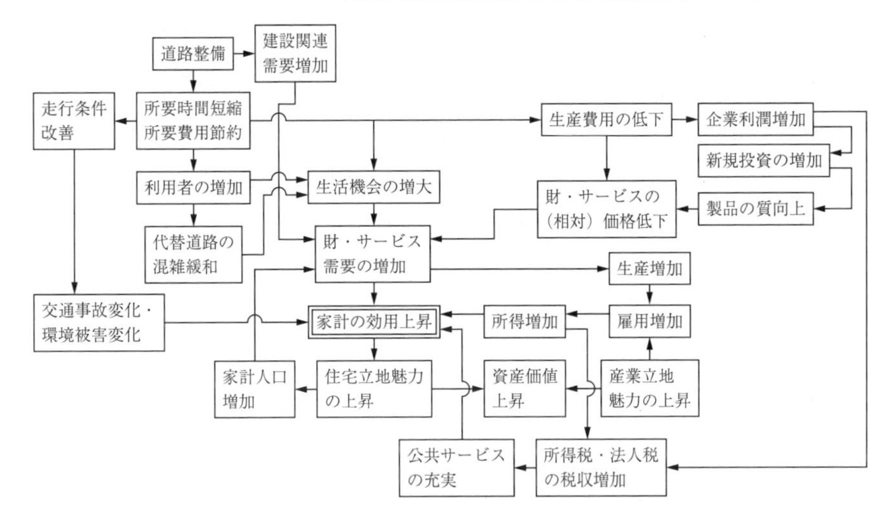

図 3.1　プロジェクトの影響（道路整備の例）

効果が生じ，利用者の増加も期待される。利用者のうち家計は，所要時間短縮および所要費用節約効果により生活機会が増大し，財・サービスの需要を増加させる。企業では，輸送費用が低下することから生産費用が低下し，それは財の価格を低下させるか，財価格が低下しない場合も企業利潤は増加し，それが新規投資にまわされれば製品の質の向上などにつながる。その場合，家計は価格の上昇なしに質の向上した商品が購入可能なため，相対的には価格が低下したと見なすことができる。以上の結果，道路整備の企業への影響としては，相対的な場合を含めて最終的には財・サービス価格の低下として効果をもたらすことになる。価格の低下は，家計の財・サービス需要を顕在化させるため，それは家計効用を上昇させるとともに，生産量も増加させる。生産量の増加は雇用を増加させ家計所得も増大させるため，家計効用の上昇につながる。以上のように道路整備をはじめとするプロジェクトの実施はさまざまな効果を生じさせる。

〔1〕 プロジェクト実施の影響，効果，便益

プロジェクトの評価方法を説明する前に，そのプロジェクトを実施することによる影響，効果，そして便益という語の定義を明確にしておく。

影響（influence）：プロジェクトの実施に起因して社会経済に生じる単なる変化のことであり，何の価値規範にもよらない現象変化のことである。

効果（effect）：ある影響が社会的に合意されたある一定の価値基準に従って望ましいものであると判断される場合に，それを効果と呼ぶ。

便益（benefit）：効果を数量的に計測して貨幣単位で表示したもののことである。

〔2〕 プロジェクト効果の分類

図 3.1 に示したさまざまな影響のうち，明確に効果とされているものはつぎのように分類される。

まず，プロジェクト実施による効果の発生原因に着目した分類として，事業効果と施設効果がある。

事業効果（project effect）：プロジェクトが施設建設により実施される際，その施設の建設事業から発生する効果（建設関連需要創出効果，建設事業に関連する雇用創出効果など)。建設事業期間のみに発生する，限定的な効果である点には注意が必要である。

施設効果（facility effect）：プロジェクト実施により建設された施設が供用され，その施設を利用することによって発生する効果（交通施設であれば時間短縮効果，費用節約効果など)。施設が供用されている限りは長期にわたり効果が生じる。

上記の施設効果は，効果の波及過程に着目した分類として，さらに直接効果と間接効果に分けられる。

直接効果（direct effect）：施設を直接利用することによって発生する効果。

間接効果（indirect effect）：必ずしも施設を直接利用しなくとも，間接的あるいは波及的に享受する効果（企業の生産性向上効果，家計の所得増大効果，また環境影響なども含まれる)。ただし，直接効果が形を変えて波及しただけのものもあるため，効果計測には慎重さが求められる。**経済波及効果**（economic spillover effect）とも呼ばれる。

3.1.3 便 益 の 計 測

つぎに，直接効果および間接効果を便益により計測する方法を示す[4)]。プロジェクトの効果を便益により示すことができれば，効果を整備費用と直接比較できるようになるため，プロジェクトの妥当性の判断が客観的かつ明確に行えるようになる。

改めて図3.1を見ると，道路整備の各種効果は最終的に家計（住民）の効用の上昇につながっていることがわかる（厳密には，企業利潤変化があるが，企業利潤は配当所得などを通じて家計に分配されるとすれば，企業利潤の増加も家計所得の増加を介して最終的には家計効用の上昇につながる）。したがって，道路整備による家計効用の上昇分を計測し，それを貨幣単位で表示することにより便益を求めることができれば，道路整備のすべての効果が評価できたことになる。

〔1〕 家計の効用最大化行動

まず，家計効用を導出する。それは，家計の**効用最大化行動**（utility maximizing behavior）から求められる。2章で示した家計の効用最大化行動モデルの財2を交通財に変更し，さらに交通所要時間を考慮した以下の効用最大化行動モデルを考える。なお，以下では効用関数にコブ・ダグラス型関数と呼ばれる関数形を用いている。

$$V=\max_{x_1, x_T} x_1^{\alpha} x_T^{1-\alpha} \tag{3.1a}$$

$$\text{s.t.} \quad p_1 x_1 + p_T x_T = wL_H + \pi \tag{3.1b}$$

$$L_H + t x_T = T \tag{3.1c}$$

ここで，x_1, x_T：財1の需要，交通財の需要，p_1, p_T：財1の価格，交通財の価格，L_H：労働供給時間，w：賃金率（時間給〔円/時間〕と考えればよい），π：企業利潤の分配による配当所得，t：交通所要時間，T：総利用可能時間，V：間接効用関数（**効用水準**（utility level）とも呼ばれる）である。

式(3.1)は，式(3.1c)のL_Hを式(3.1b)に代入して制約条件式を一本にまとめたうえで，2.2.6項で示したラグランジュ乗数法により解くことができる[5)]。次式では，結果のみを示す。

$$x_1 = \frac{\alpha}{p_1}(wT+\pi), \qquad x_T = \frac{1-\alpha}{q_T}(wT+\pi) \tag{3.2}$$

ここで，$q_T = p_T + wt$ であり，これは**交通一般化価格**（transport generalized price）と呼ばれる。

この**需要関数**（demand function）を，式（3.1a）の目的関数に代入することにより，家計の効用水準 V が求められる。

$$V = \frac{\alpha^{\alpha}(1-\alpha)^{1-\alpha}}{p_1^{\alpha} q_T^{1-\alpha}}(wT+\pi) \tag{3.3}$$

なお，$(wT+\pi)$ は利用可能時間をもとにした所得（これを時間所得と呼ぶ）に，企業利潤の配当所得分を加えた家計総所得を表している。

ここで，**支出水準**（expenditure level）も導出しておく。これは，厳密には効用最大化問題を支出最小化問題に置き換えて導出されるものである。しかし，支出水準が，与えられた価格のもとである効用水準（ここでは V）を実現するために必要な所得であると考えれば，式（3.3）を家計総所得に対して解くことにより，支出水準 M が以下のように求められる。

$$M = \frac{p_1^{\alpha} q_T^{1-\alpha}}{\alpha^{\alpha}(1-\alpha)^{1-\alpha}} V \tag{3.4}$$

〔2〕 プロジェクト実施による効用変化分の計測

つぎに，プロジェクト評価のために，交通整備を例としてその実施による効用変化分を計測する。まず，交通整備により交通所要時間が $t^A \rightarrow t^B$ に変化したとする。ただし，A：整備なしを表す添字，B：整備ありを表す添字。その結果，価格，賃金率，企業利潤もそれぞれ $A \rightarrow B$ に変化し，最終的に家計の効用水準は以下のように変化する。

$$\text{整備なしの効用水準：} V^A = \frac{\alpha^{\alpha}(1-\alpha)^{1-\alpha}}{(p_1^A)^{\alpha}(q_T^A)^{1-\alpha}}(w^A T + \pi^A) \tag{3.5a}$$

$$\text{整備ありの効用水準：} V^B = \frac{\alpha^{\alpha}(1-\alpha)^{1-\alpha}}{(p_1^B)^{\alpha}(q_T^B)^{1-\alpha}}(w^B T + \pi^B) \tag{3.5b}$$

この効用変化分を貨幣単位に換算すれば便益が計測できる。そのために，家計所得の項 $(wT+\pi)$ をうまく使う。

〔3〕 等価的偏差による便益計測

まず，**等価的偏差**（equivalent variation，**EV**）による便益計測を示す。等価的偏差は，「プロジェクト実施によって便益を受ける家計が，プロジェクトが実施された場合の効用水準を維持するという条件のもとで，プロジェクトの実施をあきらめるためにいくら受け取ればよいのか，その**最小受取額**（willingness to accept，**WTA**）」により求められる。式で表すと以下のようになる。

一般形で表した場合：

$$V(p_1^A, q_T^A, \{w^A T+\pi^A+EV\})=V(p_1^B, q_T^B, \{w^B T+\pi^B\}) \tag{3.6a}$$

式 (3.5) を用いた場合：

$$EV=\frac{\left(p_1^A\right)^\alpha\left(q_T^A\right)^{1-\alpha}}{\alpha^\alpha(1-\alpha)^{1-\alpha}}\left(V^B-V^A\right) \tag{3.6b}$$

なお，式 (3.6b) に効用水準を代入すると以下のようになる。

$$EV=\frac{\left(p_1^A\right)^\alpha\left(q_T^A\right)^{1-\alpha}}{\left(p_1^B\right)^\alpha\left(q_T^B\right)^{1-\alpha}}\left(w^B T+\pi^B\right)-\left(w^A T+\pi^A\right) \tag{3.6c}$$

式 (3.6c) の右辺第1項の係数は物価変動を表しており，等価的偏差は物価変動を加味した所得の差，すなわち「実質所得の差」を表すと解釈できる。

また，式 (3.6b) は支出水準の変化として見ることもできる。すなわち，EV を支出水準変化で表すとつぎのようになる。

$$EV=M(p_1^A, q_T^A, V^B)-M(p_1^A, q_T^A, V^A) \tag{3.7}$$

EV の概念を図により説明する。**図 3.2** では，プロジェクト実施により無差別曲線が $V^A \rightarrow V^B$ に上昇したとする。それぞれの予算制約線は，プロジェクトなしが点 P^A で，プロジェクトありが点 P^B で接している。EV は，点 P^A と接する予算制約線を，所得に EV を加えることにより平行移動させて（価格は p_1^A, q_T^A のままで），プロジェクトありの無差別曲線と接する値として求めたものということになる。

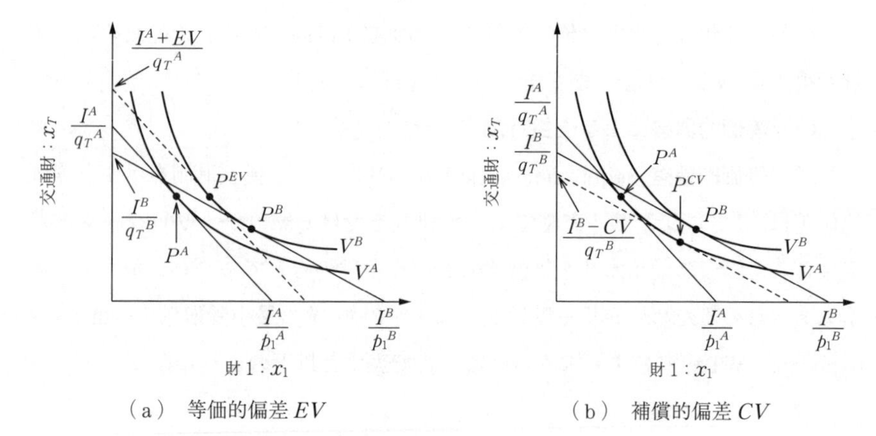

図 3.2　等価的偏差 EV と補償的偏差 CV

〔4〕 補償的偏差による便益計測

つぎに，**補償的偏差**（compensating variation, **CV**）による便益計測を示す。補償的偏差は，「プロジェクトの実施によって便益を受ける家計が，プロジェクトが実施されない場合の効用水準を維持するという条件のもとで，プロジェクトの実施に支払ってもよいと考える**最大支払い意思額**（willingness to pay, **WTP**）」により求められる。式で表すと以下のようになる。

一般形で表した場合：

$$V(p_1{}^A, q_T{}^A, \{w^A T+\pi^A\}) = V(p_1{}^B, q_T{}^B, \{w^B T+\pi^B - CV\}) \tag{3.8a}$$

式 (3.5) を用いた場合：

$$CV = \frac{\left(p_1{}^B\right)^{\alpha}\left(q_T{}^B\right)^{1-\alpha}}{\alpha^{\alpha}\left(1-\alpha\right)^{1-\alpha}}\left(V^B - V^A\right) \tag{3.8b}$$

なお，式 (3.8b) に効用水準を代入するとつぎのようになる。

$$CV = \left\{w^B T+\pi^B\right\} - \frac{1}{\left[\left(p_1{}^A\right)^{\alpha}\left(q_T{}^A\right)^{1-\alpha} \big/ \left(p_1{}^B\right)^{\alpha}\left(q_T{}^B\right)^{1-\alpha}\right]}\left\{w^A T+\pi^A\right\} \tag{3.8c}$$

式 (3.5c) の右辺第 2 項の係数は物価変動の逆数であり，補償的偏差も等価的偏差と同様,「実質所得の差」を表すといえる。

また，CVも支出水準の変化として見ることができ，つぎのように表される。

$$CV = M(p_1^B, q_T^B, V^B) - M(p_1^B, q_T^B, V^A) \tag{3.9}$$

CVの概念も図により説明する。EVを説明した図3.2において，CVは，点P^Bで接する予算制約線を所得からCVを差し引くことにより平行移動させて（価格はp_1^B，q_T^Bのままで），プロジェクトなしの無差別曲線と接する値として求めたものということになる。

以上からわかるように，EVとCVの違いは，プロジェクトありとなしの効用変化分を，なしのケースの所得の付加により求めるのか（EVの場合），ありのケースにおける所得の控除により求めるのか（CVの場合）の違いといえる（**図3.3**）。また，EVとCVではどちらが望ましいのかについては，EVが効用水準の単調変換であるがCVは必ずしもそうではない点，また社会全体での便益が，社会全体の費用を上回っていれば，誰が便益を得て誰が費用を負担するかにかかわらず，プロジェクトの実施が妥当であると判断するという「仮説的補償テスト（カルドア・ヒックス（Kaldor-Hicks）基準）」に対し，EVの総和が正ならば基準に合格するが，CVでは必ずしもそうならない点において，EVがCVより望ましいとされている[6)]。

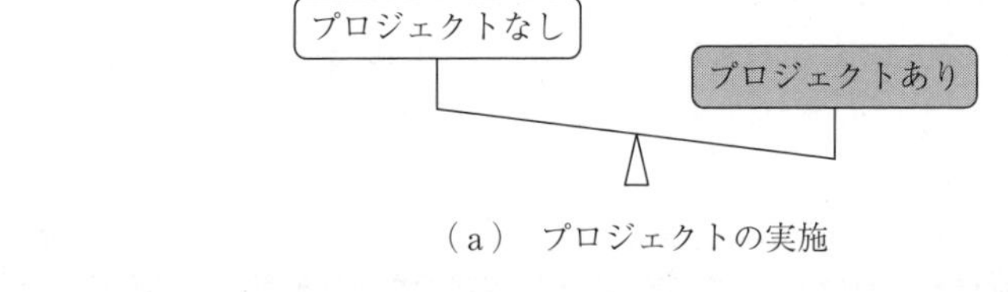

（a） プロジェクトの実施

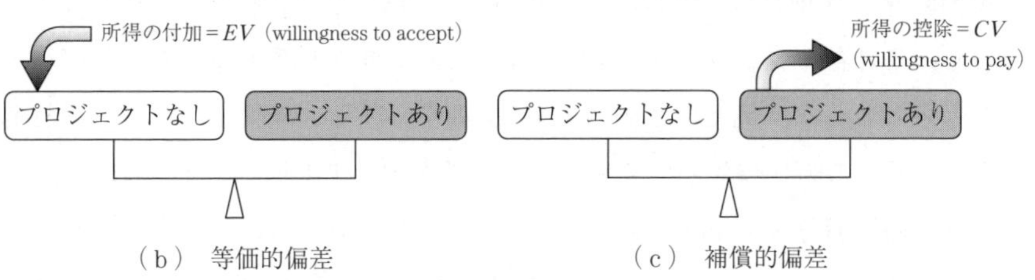

（b） 等価的偏差　　（c） 補償的偏差

図3.3 等価的偏差EVと補償的偏差CV

3.1.4 総便益の計測

3.1.3項の EV や CV を実際に計算する場合は，まず経済データを用いて効用関数のパラメータを推定し，そして整備有無に対する効用水準変化の計測を行って，式(3.6)や式(3.8)に基づき便益が計測される。その場合，経済統計データとしては，確実に収集，整理がなされている年間の経済取引データが用いられる場合が多い。それらの年間データに基づき便益を計測する場合，それは年間便益ということになる。

プロジェクトは，一般には長期間にわたり効果が発現するものである。そのため，年間便益をその公共プロジェクトが効果を発揮する期間に拡張し，総便益を計測する必要がある。その場合，まずプロジェクトが効果を発揮する期間（プロジェクトライフ）が設定される。道路整備の場合，現在は50年とされている。そのプロジェクトライフを対象に，各年の便益を EV や CV により計測し，それらの総和により総便益が求められる。ただし，その際，将来の便益は割り引く必要のある点に注意する必要がある。

割引とは，例えばいますぐ5万円を獲得できるケースと，1年後に同じ5万円を獲得できるケースを比較した場合，1年という時間に不確実性やリスクが存在するため，前者のいま5万円を獲得できるほうが望ましいと一般には判断されることから説明できる。すなわち，1年という時間の経過により，いま（現在）の5万円の価値は下がることになり，その価値の低下を割引によって考慮するのである。

割引式を示す前に，「では現在の5万円と比較して，1年後の5万円に対していくら追加額を受け取れば1年待つか」という問題を考える。人それぞれ異なると思われるが，例えば2 500円の追加額が必要という結果が得られたとすると，これは5万円に対して5％となる。この5％が1年という時間の評価値であり，**時間選好率**（time preference rate）と呼ばれるものである。時間選好率を i とすると，t 年後にこの時間選好率分だけ追加額が獲得できれば，現在の5万円と無差別になることからつぎの等式が成立する。

$$(現在の)\ 5万円=(1+i)^t\times(将来の)\ 5万円 \tag{3.10a}$$

これより，将来の5万円の価値は，現在の5万円を$(1+i)^t$で除すことにより求められる。このとき，iを割引率と呼び，このように将来の価値を現在の価値で表すことを**現在価値換算**（present value calculator）といい

$$(\text{将来の})\,5\,\text{万円}=\frac{(\text{現在の})\,5\,\text{万円}}{(1+i)^t} \tag{3.10b}$$

のようになる。以上から，t期の年間便益がB^tと得られた場合，それを式(3.10b)のように現在価値換算できる。ただし，その際に用いられる割引率は，社会的に合意された**社会的割引率**（social discount rate）が用いられる。これは，個人の時間選好率の平均値などにより求めるのが正確な求め方であるが，現在は国債の市場利子率などのデータから決定されている。道路整備の場合，現在は4％が用いられている。プロジェクトの実施判断は現時点で行われるため，将来発生する便益は現在価値換算する必要がある。そして，その総和をとることにより総便益がつぎのように求められる。

$$B=\sum_t \frac{B^t}{(1+i)^t} \tag{3.11a}$$

ここで，B：総便益，i：社会的割引率である。

費用についても，同様にt期の年間費用をC^tとすれば，その現在価値換算の総和によりつぎのように総費用が求められる。

$$C=\sum_t \frac{C^t}{(1+i)^t} \tag{3.11b}$$

ここで，C：総費用，i：社会的割引率である。

3.1.5　費用便益分析の評価指標

3.1.4項までで，プロジェクト実施の総便益と総費用を求めた。それらに基づき，費用便益分析を実行する。その際の評価指標には，**経済的純現在価値**，**費用便益比**，**経済的内部収益率**の三つがある。

〔1〕　**経済的純現在価値**（economic net present value，**ENPV**）

ENPVは，総便益と総費用の差により求められる純便益のことである。

$$ENPV=\sum_t \frac{B^t}{(1+i)^t}-\sum_t \frac{C^t}{(1+i)^t}=\sum_t \frac{B^t-C^t}{(1+i)^t} \tag{3.12a}$$

〔2〕 **費用便益比 B/C**（cost benefit ratio, **CBR**）

CBR は，総便益と総費用の比であり，現在価値化された社会的費用 1 単位が，平均的にどれだけの便益を生み出すのかを表している。プロジェクト実施の効率性を表す指標とされる。

$$CBR=\frac{\sum_t \left[B^t/(1+i)^t\right]}{\sum_t \left[C^t/(1+i)^t\right]} \tag{3.12b}$$

〔3〕 **経済的内部収益率**（economic internal rate of return, **EIRR**）

EIRR は，〔1〕の純現在価値が 0 になるときの割引率のことである。

$$\sum_t \frac{B^t-C^t}{(1+EIRR)^t}=0 \tag{3.12c}$$

これは，プロジェクトに投入した経済資源を便益として回収した場合，どの程度の社会的割引率まで耐えられるのかを示す指標である。

プロジェクトは，以上の評価指標に対し，以下の条件を満たす場合に妥当と判定される。

A：ENPV（経済的純現在価値）が正

B：CBR（費用便益比）が 1 以上

C：EIRR（経済的内部収益率）が，A，B を計算する際の社会的割引率以上の場合

単一プロジェクトであればA，B，C の各条件は同結果となり，3 種類の指標すべてを求める必要性はほとんどない。しかし，複数プロジェクトの優先順位を決める場合は，各指標にそれぞれの意味が生じてくる。一般には，まず CBR により効率性の観点からプロジェクトの妥当性を判断する。すなわち，CBR の大きなプロジェクトを優先するという判断になる。しかし，CBR が低くても一定程度の数値であり，かつ ENPV がかなり大きな場合には ENPV の大きなプロジェクトを優先するという選択もありうる。ENPV が大きいという

ことは，それだけ地域に大きな効果をもたらすことを意味するからである。さらに，CBR も ENPV も同程度であった場合，EIRR 値の大きなプロジェクトが優先されるため，EIRR も計測が必要であるとされる。

3.2 財務分析と便益帰着構成表

3.2.1 財 務 分 析

3.1 節では，プロジェクトの社会経済全般にもたらされる効果の計測について説明を行った。プロジェクトには，社会基盤の建設や運営に補助金などの公的資金が投入されるが，施設の運営は企業が行っているものがある。ここでは，そのような交通企業の収益に関する評価方法を説明する。交通企業とは，具体的には鉄道会社，道路会社，港湾管理者，空港管理者など，政府の事業補助を受け交通施設を建設し，料金を受け取り，交通サービスを提供する主体である。

〔1〕 財 務 諸 表

交通企業の経営状況を評価するものが財務分析であり，それは以下の3種類の**財務諸表**（financial statements）を作成することにより実行される（文献 7）にわかりやすい例が示されている）。

① **損益計算書**（profit and loss statement）：プロジェクト期間中の各期の収入と支出を記した表

② **資金運用表**（application of funds statement）：プロジェクト期間中の現金の流入と流出を記した表

③ **貸借対照表**（balance sheet）：各期末において借方（資金が資産としてどのように運用されているのかを表す）と貸方（資金が「資本」，「負債」など，どのように調達されたのかを表す）を記した表

① 損益計算表は，交通企業の施設運営によって得た営業収入と，施設の運営にかかる営業支出（一般管理費，維持管理費，減価償却費，金利払いなど）を各期で示したものである。それぞれ収入から支出を差し引くことにより経常

利益が求められる。さらに，経常利益から各期の税金分を差し引いたものが当該期利益（税引き後利益）となる。

② 資金運用表は，資金流入として，① の損益計算書の当該期利益，減価償却費が記載され，建設時には資本金，借入金も現金の流入となるため，それらも資金流入として記される。一方，資金流出は，投資費用と借入金返済が記載される。そして，それぞれ資金流入から資金流出を差し引いたものが資金余剰となる。

③ 貸借対照表は，0 期とそれ以外で変わってくる。まず 0 期では，借方には固定資産費用が記載され，貸方にはその固定資産費用が資本金と借入金により調達されたことが記載される。つぎに，施設供用後は，借方には固定資産の費用に加え ② の資金余剰の総計が流動資産として記され，さらに借入金返済の総計が記載される。一方，それらの調達を表す貸方は，減価償却費の総計が減価償却引当金として，資本金と借入金は 0 期のものがそのまま記され，そして当該期利益（税引き後利益）が未処分利益として記載される。借方の合計と貸方の合計は必ず一致することに注意が必要である。

〔2〕 財務評価指標

財務分析における評価指標のうち，**財務的純現在価値**（financial net present value，**FNPV**），**財務的内部収益率**（financial internal rate of return，**FIRR**）を説明する。

FNPV は，3.1.5 項〔1〕で示した ENPV の財務分析版と考えればよい。すなわち，各期の収入から支出を差し引いたものを現在価値換算し，その総和をとることにより，以下のように求められる。

$$FNPV = \sum_t \frac{R^t - C_F^{\ t}}{(1+i)^t} \tag{3.13a}$$

ここで，R^t：t 期の収入を表し，営業収入，補助金からなる。$C_F^{\ t}$：t 期の財務的費用を表し，営業純支出（営業支出から減価償却費，借入金返済額，金利払いを差し引いたもの）と借入金返済額，金利払いの総計により求められる。i：割引率を表し，財務分析では一般に市中金利が用いられる。

つぎに，FIRRは，これも3.1.5項〔3〕のEIRRの財務分析版であり，式(3.13a)のFNPV（財務的純現在価値）が0になるときの割引率により，以下のように求められる。

$$\sum_t \frac{R^t - C_F{}^t}{(1+FIRR)^t} = 0 \tag{3.13b}$$

FIRRは，この金利までは資金を投入しても事業全体の採算性が保持され，資金が回収できることを意味する指標である。

〔3〕 黒字転換年，営業係数

財務分析では,黒字転換年も重要な評価指標となる。**黒字転換年**（turnaround year）は，単年度黒字転換年と累積黒字転換年がある。

単年度黒字転換年は，単年度での収入から支出を差し引いたものが黒字に転換する年度のことである。実際には，営業収入R^tと営業支出（減価償却費用も含むことに注意）E^tの比（**支出収入比 R/E**（revenue expenditure ratio））が1を上回った年度により求められる。なお，支出収入比の逆数は**営業係数**（working ratio）と呼ばれる。

一方，累積黒字転換年は，資金運用表で求められる資金余剰の累積値が正に転じる年度のことである。単年度で黒字を達成したとしても，それ以前の赤字は累積している。そのため，単年度黒字転換年以降に発生する累積利益によって，累積赤字が黒字転換する年度を累積黒字転換年として求めるのである。

財務分析では，まず単年度黒字転換年の早期達成により経営の安定化を図ることが重要となる。そして，累積赤字が黒字に転換した段階で事業が正常な状態になったと判断されるため，累積黒字転換年も重要な指標とされる。

〔4〕 損益分岐点

損益分岐点（break-even point）とは，〔3〕と同じように黒字化のポイントを示すものであり，通常は黒字化に必要な最小交通需要によって求められる。

一人当りの料金をp_T，交通需要量をx_Tとすると，収入は**図3.4**の原点を通る直線により表される。図は，縦軸が収入あるいは費用を表し，横軸は交通量を表す。一方，費用は固定費用と変動費用に分けて考える。固定費用とは，交

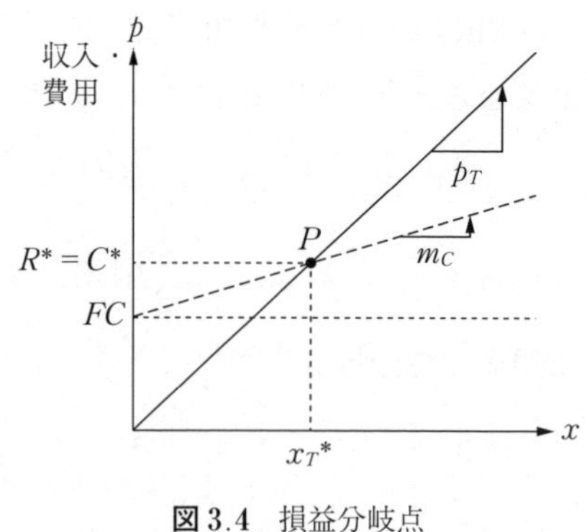

図 3.4　損益分岐点

通量に関係なく必要な一定の費用であり，基盤施設整備費用などがそれにあたる。変動費用とは，交通量が変化した場合に変化する費用のことである。固定費用を FC とおき，変動費用は交通量が 1 単位増加したときに，つねに m_C だけ増加するものとすると，図の切片が FC，傾き m_C の直線が費用直線となる。収入直線，費用直線を式で表すと以下のようになる。

$$\text{収　入}: R = p_T x_T \tag{3.14a}$$

$$\text{費　用}: C = m_C x_T + FC \tag{3.14b}$$

なお，費用 C を交通量 x_T で微分すると次式が得られる。

$$\frac{dC}{dx_T} = m_C \tag{3.15}$$

このため，m_C は限界費用と呼ばれる。

図の収入直線と費用直線の交点 P は，利益が 0 となる点であり，これが損益分岐点である。点 P の交通量 $x_T{}^*$ 以上が実現すれば交通企業は利益を得るが，実現しなければ損失を被るからである。損益分岐点は，財務分析において利益を生むために交通企業が目標とすべき交通量を表すことになる。

3.2.2　便益帰着構成表

3.1.3 ～ 3.1.5 項および 3.2.1 項では，それぞれプロジェクトの社会経済全体への効果を評価する費用便益分析，交通企業への効果を評価する財務分析の説明を行った。これらを一つの表で包括的に表すことができる。それが**便益帰着構成表**（benefit incidence table）である[8)]。特に，便益や費用負担の発生と，その移転，そして最終的にどの主体にそれらが帰着するのかを視覚的にとらえられるという利点がある。

表 3.1 には，便益帰着構成表を示す。便益帰着構成表は，横欄に影響を受ける主体をとり，縦欄には影響項目を列挙したものとなっている。「Ⅰ 交通企業」は，政府から出資補助を受け交通施設を建設する。その後，交通施設を利用して交通サービスを提供し，その対価として料金収入を受け取る。「Ⅱ 利用者」は，料金を支払い，交通サービスを利用し，その利用から便益を受ける。また，交通施設を直接利用しない場合にも，物価変動や所得変化など市場を介して波及的効果が生じる場合や，市場を介さず影響が生じる場合がある。後者の市場を介さず生じる影響には，「Ⅲ 混雑緩和受益者」が代替路線の混雑緩和による便益を享受するケースや，「Ⅳ 環境改善受益者（悪化被害者）」が交通施設の整備により周辺環境が改善された場合に環境改善便益を享受するケース，一方，交通増加などにより環境が悪化する場合には環境悪化の被害を受けるケースがある。また，前者の市場を介して生じる影響には，交通施設整備により立地魅力が向上し周辺地価が上昇するような場合がある。地価の上昇は土地

表 3.1　便益帰着構成表

項目＼主体	Ⅰ 交通企業（運営者）	Ⅱ 利用者	Ⅲ 混雑緩和受益者	Ⅳ 環境改善受益者	Ⅴ 土地所有者	Ⅵ 政府	計
(1) 建設費	$-a$						$-a$
(2) 営業費用	$-b$						$-b$
(3) 料金収入	c						c
(4) 利用者便益		d					d
(5) 混雑緩和			e				e
(6) 環境改善（悪化）				f			f
(7) 土地資産価値上昇		$-g$	$-h$	$-i$	$g+h+i$		0
(8) 出資補助	j					$-j$	0
(9) 税負担，税収	$-k$		l		$-m$	$k+m-l$	0
(10) 計	$(c+j)-(a+b+k)$	$d-g$	$(e+l)-h$	$f-i$	$(g+h+i)-m$	$(k+m)-(j+l)$	$(c+d+e+f)-(a+b)$

（出典：文献 7）をもとに作成）

資産価値を高め，その利益は「Ⅴ 土地所有者」が享受する。最後に「Ⅵ 政府」は交通プロジェクトの許認可と補助金の支給を行う。ただし，補助金の財源は税収であり，必ず誰かが税などにより負担して補助金が支給されている点には注意が必要である。

つぎに，各主体が享受する便益および負担する費用項目を説明する。

Ⅰ．交 通 企 業：

a：交通施設の建設費（補助を含む）であり，交通企業が負担する（したがって，“－（マイナス）”を付けている）。

b：交通施設の営業支出（補助を含む）であり，交通企業が負担する。

c：交通施設の料金収入であり，交通企業の収入となる。

j：交通施設の建設および運営に対する政府補助であり，交通企業の収入となる。

k：交通企業が支払う税負担の増大による損失。

Ⅱ．利　用　者：

d：交通施設を利用することから得られる便益（利用者便益）[料金変化による便益（損失）も含む]。

g：利用者が被る地価上昇による損失。

Ⅲ．混雑緩和受益者：

e：代替路線の混雑緩和便益。

h：混雑緩和受益者が被る地価上昇による損失。

Ⅳ．環境改善受益者（環境悪化被害者）：

f：周辺環境が改善した場合に得る環境改善便益。逆に悪化した場合の環境悪化被害。

i：環境改善受益者が被る地価上昇による損失（あるいは，環境悪化被害者が享受する地価下落による便益）。

Ⅴ．土地所有者：

$g+h+i$：地価上昇による資産価値増大効果であり，土地所有者が享受。

m：地価上昇に伴い，土地所有者が支払う税負担の増大による損失。

Ⅵ. 政　　府：

j：政府補助支給による政府の損失。

$k+m-l$：政府の税収変化分。

便益帰着構成表の各主体別の縦計は主体別の帰着便益を表す。特に，交通企業の縦計は交通企業の帰着純便益であるが，これは交通企業の財務分析を行っていることに等しく，この帰着純便益と財務分析で説明したFNPV（財務的純現在価値）は一致する。また，各主体横計の合計，すなわち最右下欄の合計は社会的純便益を意味し，これは費用便益分析にて説明したENPV（経済的純現在価値）と一致する。

一方，便益帰着構成表の各項目別の横計は項目別の社会的純便益を表す。このうち，項目（7）～（9）は0になっている。これらの項目では，ある主体にとっての利益は他の主体の損失となっており，社会全体で合計すると相殺（キャンセルアウト）されて0になるのである。すなわち，これらの項目ではある主体の便益は単なる社会的移転所得になっているといえる。例えば，地価の上昇は土地保有者にとっては便益であるが，土地購入者にとっては損失であり，それらは市場において価格調整がなされることにより相殺されるのである。なお，これらの厳密な証明は，文献8）を参照されたい。

3.3 消費者余剰変化と利用者便益

3.1節では，プロジェクト評価の全体像，効用水準に基づく便益計測手法，費用便益分析，そして3.2節では，財務分析，便益帰着構成表を解説した。本節では，効用水準に基づく厳密な便益計測手法に代わる，近似的で簡便な便益計測手法として，実務で定着している**消費者余剰**変化による**利用者便益**の計測方法を説明する。

3.3.1 EV，CVと消費者余剰変化

まず，3.1.3項で説明したEV（等価的偏差），CV（補償的偏差）について，

消費者余剰変化との関係を説明する[9]。

EV は式 (3.7) より支出水準の変化としてつぎのように表される。

$$EV = M(p_1{}^A, q_T{}^A, V^B) - M(p_1{}^A, q_T{}^A, V^A) \tag{3.16}$$

ここで，式 (3.16) を変形するために，所得と p_1 が不変で q_T が交通整備によって $q_T{}^A \rightarrow q_T{}^B$ のように変化するケースを考える。なお，q_T の変化に伴い効用水準も $V^A \rightarrow V^B$ に変化する。所得を不変とすることから，支出水準も不変であるため，つぎの等式が成立する。

$$M(p_1{}^A, q_T{}^A, V^A) = M(p_1{}^A, q_T{}^B, V^B) \tag{3.17}$$

これを式 (3.16) に代入すると

$$\begin{aligned} EV &= M\left(p_1{}^A, q_T{}^A, V^B\right) - M\left(p_1{}^A, q_T{}^B, V^B\right) \\ &= \int_{q_T{}^B}^{q_T{}^A} \frac{\partial M\left(p_1{}^A, q_T, V^B\right)}{\partial q_T} dq_T \end{aligned} \tag{3.18}$$

となる。さらに，マッケンジーの補題から支出関数の価格に対する 1 階微分はつぎのように補償需要に等しくなる。なお，マッケンジーの補題は巻末の付録 A を参考にされたい。

$$\frac{\partial M\left(p_1, q_T, V\right)}{\partial q_T} = x_T{}^* \tag{3.19}$$

したがって，EV はつぎのようになる。

$$EV = \int_{q_T{}^B}^{q_T{}^A} x_T{}^*\left(p_1{}^A, q_T, V^B\right) dq_T \tag{3.20}$$

これは，**補償需要関数**（compensated demand function）$x_T{}^*(p_1{}^A, q_T, V^B)$ を $q_T{}^B$ から $q_T{}^A$ まで積分したものであり，**図 3.5** の補償需要関数 D^1D^1 の左側の $q_T{}^B$ から $q_T{}^A$ までの面積で表される。

CV に関しても，EV と同様に展開できる。すなわち，CV は式 (3.9) より支出水準変化としてつぎのように表される。

$$CV = M(p_1{}^B, q_T{}^B, V^B) - M(p_1{}^B, q_T{}^B, V^A) \tag{3.21}$$

ここで，所得と p_1 が不変で，q_T が交通整備ありからなし，すなわち $q_T{}^B \rightarrow q_T{}^A$ に変化したケースを考える。このとき効用水準も $V^B \rightarrow V^A$ に変化する。所得

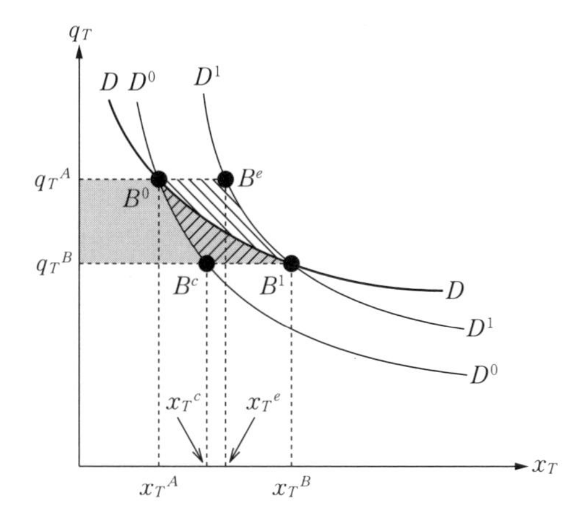

図 3.5　消費者余剰変化と EV，CV

が不変であることから支出水準も不変であるため，次式が成立する。

$$M(p_1{}^B, q_T{}^B, V^B) = M(p_1{}^B, q_T{}^A, V^A) \tag{3.22}$$

これを式 (3.21) に代入すると

$$\begin{aligned} CV &= M\left(p_1{}^B, q_T{}^A, V^A\right) - M\left(p_1{}^B, q_T{}^B, V^A\right) \\ &= \int_{q_T{}^B}^{q_T{}^A} \frac{\partial M\left(p_1{}^B, q_T, V^A\right)}{\partial q_T} dq_T \end{aligned} \tag{3.23}$$

となる。これに式 (3.19) の補償需要関数を代入すると次式が得られる。

$$CV = \int_{q_T{}^B}^{q_T{}^A} x_T{}^*\left(p_1{}^B, q_T, V^A\right) dq_T \tag{3.24}$$

式 (3.24) も EV のケースと同様，補償需要関数 $x_T{}^*(p_1{}^B, q_T, V^A)$ を $q_T{}^B$ から $q_T{}^A$ まで積分したものであり，図 3.5 の補償需要関数 D^0D^0 の左側の $q_T{}^B$ から $q_T{}^A$ までの面積で表される。

以上は，補償需要関数に基づく議論であった。一般に，消費者余剰は補償需要関数ではなく**通常（マーシャル）の需要関数**に対して定義される。通常の需要関数とは，所得制約下での効用最大化行動に基づき導出される需要関数のことである。そこで，通常の需要関数により定義される消費者余剰の変化と，上の EV および CV の関係を整理する。

通常の需要関数による**消費者余剰**（consumer surplus，**CS**）変化は，所得と p_1 を交通整備なしの状態で不変とした通常の需要関数 x_T を，$q_T{}^B$ から $q_T{}^A$ まで積分したものになり

$$CS=\int_{q_T{}^B}^{q_T{}^A} x_T\left(p_1{}^A, q_T, I^A\right)dq_T \tag{3.25}$$

となる。ここで，$x_T(p_1, q_T, I)$：通常の需要関数である。

図3.5には，通常の需要関数も示しており，それは DD となる。したがって，式(3.25)の CS は DD の左側の $q_T{}^B$ から $q_T{}^A$ までの面積となる。なお，ここでの例は上級財の場合であるが，それが一般的であるので上級財のケースのみをここでは説明する（他のケースは文献8）などを参照されたい)。

図3.5を見ると，通常の消費者余剰変化（灰色部分）に対し，▧を加えたものが EV であり，逆に▨を差し引いたものが CV となっている。すなわち，EV，CV，および CS には以下の関係が成立する。ただし，繰り返すがこれは上級財の場合である。

$$CV<CS<EV \tag{3.26}$$

理論的には，式(3.26)のような関係が成立している。これは大事なことであるが，実際のCV，CS，EVの計測値はそこまで大きな違いになるわけではない。したがって，実務ではEVなどを計測するかわりにCSを計測することにより便益評価がなされている。以下では，上記の理論的背景を踏まえたうえで，実務で計測される消費者余剰変化による利用者便益の計測方法を説明する。

3.3.2　消費者余剰変化による利用者便益の計測

本項では，具体的な交通整備を対象に式(3.25)に基づく消費者余剰変化による利用者便益の計測方法を示す[10)]。

A市～B市の間は，現在，一般道路で結ばれている。この一般道路を盛土化して，高速道路を建設する計画が立てられている。このとき，一般道路を高速道路として整備することによる利用者便益を計測する。なお，ここでは簡単化のため，高速道路が整備された場合には，一般道路は通れないものとする。

〔1〕 高速道路の整備有無に対する交通一般化価格の算定

高速道路整備なしのケースである一般道の交通一般化価格，および高速道路整備ありのケースである高速道路の交通一般化価格を算定する。交通一般化価格は，式 (3.2) よりつぎのように表される。

$$q_T = p_T + wt \tag{3.27}$$

p_T は交通価格〔円〕を表すが，ここでは「走行費用＋（高速道路料金）」として求められるものとする。高速道路料金は，高速道路整備ありの場合のみ必要なものとなる。ここで，t は交通所要時間〔分〕，w は時間価値（賃金率〔円/分〕）で，それぞれ**表 3.2** のとおり与えられているものとする。なお，この中の道路交通量は x_T のことであり，本来は式 (3.2) のように効用最大化行動などから導出される。しかし，実務で交通基盤整備などのプロジェクト評価を行う際は，別途，交通需要予測の行われるケースが多い。それらを通じて，ここでは高速道路整備有無に対する道路交通量が表のとおり得られているものとする。また，所要時間については，一般道路と高速道路でのゼロフロー所要時間のみを設定し，混雑による影響は考慮しないものとする。

表 3.2　利用者便益計測のためのデータ

<table>
<tr><th></th><th>一般道路</th><th>高速道路</th></tr>
<tr><td>高速道路料金〔円〕</td><td></td><td>500</td></tr>
<tr><td>走行費用〔円/(台·km)〕</td><td>10</td><td>8</td></tr>
<tr><td>走行距離〔km〕</td><td colspan="2">20</td></tr>
<tr><td>時間価値〔円/分〕</td><td colspan="2">30</td></tr>
<tr><td>所要時間〔分〕</td><td>50</td><td>30</td></tr>
<tr><td>道路交通量〔百万台/年〕</td><td>500</td><td>650</td></tr>
</table>

このとき，高速道路整備の有無に対する交通一般化価格は以下のようにして求められる。

高速道路整備なし（一般道路）：

$$q_T^A = 10 \times 20 + 30 \times 50 = 1\,700 \text{〔円〕} \tag{3.28a}$$

高速道路整備あり（高速道路）：

$$q_T^B = 500 + 8 \times 20 + 30 \times 30 = 1\,560 \text{〔円〕} \tag{3.28b}$$

〔2〕 **利用者便益の計測**

つぎに，高速道路整備による利用者便益を，式(3.25)に基づき消費者余剰変化により計測する。しかし，ここでは高速道路整備の有無に対する交通量が与えられているだけで，交通需要関数は与えられていない。そこで，高速道路整備の有無に対する（交通量，交通一般化価格）の2点の座標を通る直線が交通需要関数を表すと考える。このとき，交通需要関数は以下の式となり，図示すると**図3.6**の破線のようになる。

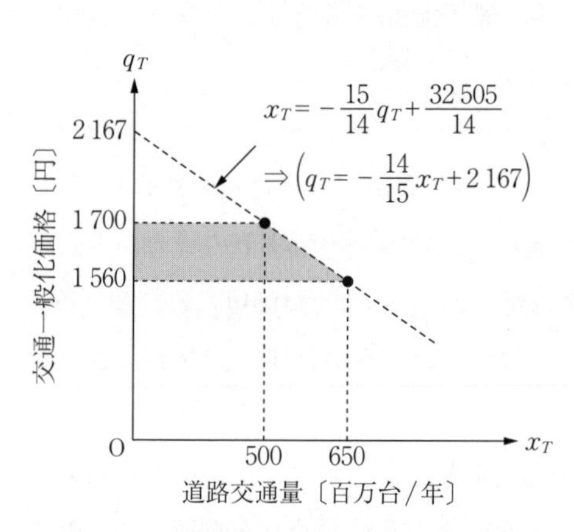

図3.6　台形近似による利用者便益の計測

$$x_T=-\frac{15}{14}q_T+\frac{32\,505}{14}\quad（変形すると：q_T=-\frac{14}{15}x_T+2\,167）\tag{3.29}$$

また，式(3.25)の消費者余剰変化は，つぎの台形面積により求められる。

$$CS=-\frac{1}{2}\left(x_T{}^A+x_T{}^B\right)\left(q_T{}^B-q_T{}^A\right)=80\,500\ 〔百万円/年〕\tag{3.30}$$

以上の結果，高速道路整備による利用者便益は805〔億円/年〕となる。

本来の消費者余剰変化は式(3.25)で求められるが，実務では式(3.30)の台形面積により利用者便益が計測される。それは，式(3.30)を用いるならば，交通需要関数を必ずしも明示的に導出する必要がなく，高速道路整備の有無に対する交通量と交通一般化価格のデータのみから便益が計測でき，簡便であるからと考えられる。

3.4　非市場財の便益評価

3.3節で議論した交通サービスは，市場で取引されるものであった。これに対し，市場で取引されない財（**非市場財**（non-market goods））の評価を本節では考える。

3.4.1　旅行費用法

〔1〕　旅行費用法の概要

無料で利用できるレクリエーション施設は，施設が整備されてレクリエーション利用が増加したとしても，その価格が0であるため需要関数が定義できない。そのため，消費者余剰変化などによる便益計測が行えないという問題があった。

これに対し，レクリエーション施設までのアクセス交通市場を代理市場として，その消費者余剰変化によって便益を計測するものが**旅行費用法**（travel cost method，**TCM**）である[11)]。**図3.7**には，縦軸が旅行時間の貨幣換算すなわちアクセス一般化価格である，レクリエーション施設アクセス交通（以下，Rアクセス）需要関数を示している。レクリエーション施設整備によりその魅力が向上し，レクリエーション施設への訪問頻度が増加すればRアクセス需要も増大する。それは，Rアクセス需要関数の右上へのシフトとして表現される。その結果，レクリエーション施設整備によって旅行費用が変化していないにもかかわらず，Rアクセス需要が増加し消費者余剰も増加することになる。これが図の灰色部分であり，レクリエーション施設整備の便益として計測されるものになる。

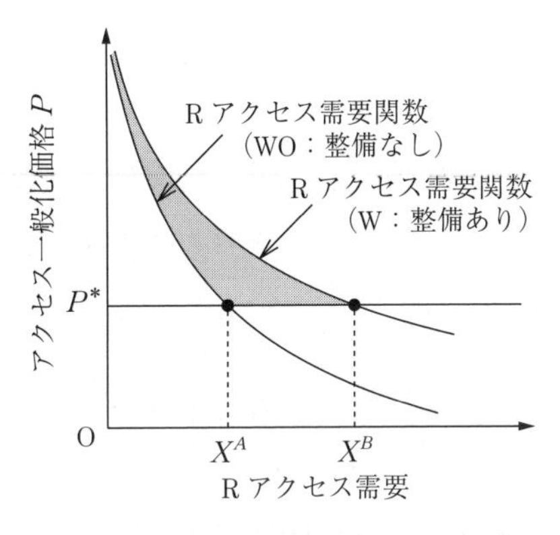

図3.7　旅行費用法で計測される便益

〔2〕　旅行費用法の便益計測モデル

従来の旅行費用法では，Rアクセス需要関数を特定化して，そのパラメータをアンケート調査データにより推定するという方法が用いられてきた。しかし，需要関数は本来，効用最大化などの主体の最適化行動モデルから導出されるものであり，需要関数の背後にある効用を把握しておくことが重要である。

そこで，効用関数を特定化して，それより需要関数を求めるという方法をここではとる。これには，所得制約下での効用最大化行動を解いて需要関数を求める，という式 (3.1) の方法を思いつくが，この効用最大化行動を解いて得られる需要関数（式 (3.2)）と間接効用関数（式 (3.3)）の間には，**ロアの恒等式**（Roy's identity）と呼ばれる定理の存在することが知られている。すなわち，間接効用関数を特定化することによっても需要関数を導くことができる。

そこで，間接効用関数を以下のように特定化する。

$$V = -\eta \frac{\lambda}{\alpha} \exp(\alpha P) \exp(\beta Q) + \eta \Omega \tag{3.31}$$

ここで，V：間接効用関数（効用水準），P：アクセス一般化価格（旅行費用），Q：レクリエーション施設整備ダミー（整備あり=1，整備なし=0），Ω：所得，η：所得の限界効用，α，β，λ：パラメータである。

ロアの恒等式より，間接効用関数とRアクセス需要関数 X の間には以下の関係が成立する。なお，ロアの恒等式の証明は巻末の付録Aを参照されたい。

$$\frac{\partial V / \partial P}{\partial V / \partial \Omega} = -X \tag{3.32}$$

式 (3.31) を，P，Ω で偏微分し式 (3.32) に代入することにより，Rアクセス需要関数 X がつぎのとおり求められる。

$$X = \lambda \exp(\alpha P) \exp(\beta Q) \tag{3.33}$$

このRアクセス需要関数は片側対数線形関数と呼ばれており，需要関数の背後には式 (3.31) の間接効用関数が存在していることに注意されたい。

〔3〕 Rアクセス需要関数のパラメータ推定

つぎに，式 (3.33) のRアクセス需要関数のパラメータを推定する。このパラメータ推定は，従来の旅行費用法と同様であり，まずアンケート調査などにより，被験者の自宅からレクリエーション施設までの距離（アクセス距離）を尋ねたうえで，レクリエーション施設整備の有無に対するRアクセス需要，すなわちレクリエーション施設の訪問頻度を調査する。アクセス距離からは「時間価値×アクセス距離÷平均速度」によりアクセス一般化価格が計算でき，さらに，それに対応したRアクセス需要のデータから回帰分析によりRアクセス需要関数のパラメータが推定できる。具体的には，式(3.33)のRアクセス需要関数の両辺に対し自然対数をとると，つぎのように線形に変換される。

$$\ln X = \ln\lambda + \alpha P + \beta Q \tag{3.34}$$

これより，通常の最小二乗法によりパラメータ推定が行える。式(3.33)のパラメータが推定されれば，整備ダミーの変化によりレクリエーション需要関数が整備によりどれだけシフトするのかが求められる。さらに，そのシフトによりどれだけ消費者余剰が増加したのかもわかるため，レクリエーション施設整備の便益が計算できる。

〔4〕 レクリエーション施設整備の便益計測

ここでは，**表3.3**のようにRアクセス需要関数（式(3.33)）のパラメータが推定されたものとする。それに基づき，レクリエーション施設整備の有無に対するRアクセス需要関数を示したものが**図3.8**および**表3.4**である。なお，ここで想定する施設整備とは，敷地の拡張や遊具などの設備設置だけでなく，緑化事業や水質の浄化など環境改善事業も含む。被験者に対し具体的な整備の状況が伝えられ，被験者がそれを正確に理解し，適切に施設訪問回数変化が回答できれば，基本的にはどのような整備にも旅行費用法は適用可能である。そして，図3.8の整備なし，整備ありの需要関数と任意のアクセス一般化価格に囲まれた面積が，そのアクセス一般化価格に対する施設整備の便益になる。

通常，この面積計算には数値積分が用いられる。すなわち，図3.8において，アクセス一般化価格をいくつかに区切り，それぞれ台形面積を求め，そし

表3.3　Rアクセス需要関数のパラメータ，時間価値などのデータ

（a）パラメータ

α	−0.004 47
β	1.35
λ	1.94

（b）データ

平均速度〔m/分〕	65
時間価値〔円/分〕	16.7

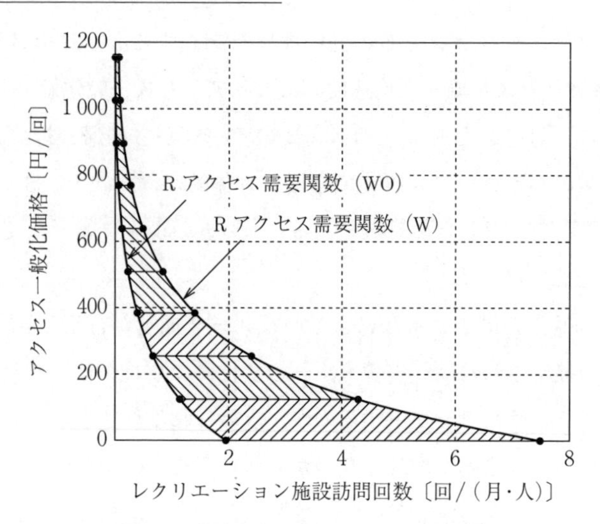

図 3.8　推定されたRアクセス需要関数

表 3.4　整備有無のRアクセス需要

アクセス距離〔m〕	アクセス 一般化価格〔円〕	Rアクセス 需要（WO）〔回/月〕	Rアクセス 需要（W）〔回/月〕
0	0	1.94	7.48
500	128	1.09	4.22
1 000	256	0.62	2.38
1 500	385	0.35	1.34
2 000	513	0.20	0.76
2 500	641	0.11	0.43
3 000	769	0.06	0.24
3 500	897	0.04	0.14
4 000	1 026	0.02	0.08
4 500	1 154	0.01	0.04
5 000	1 282	0.01	0.02

WO：without 整備なしを意味する
W　：with 整備ありを意味する

てそれぞれのアクセス一般化価格に対して，それを上回る価格部の台形面積を合計したものが，そのアクセス一般化価格に対する消費者余剰の増分となる。**表 3.5** は，アクセス距離を 500 m ごとに区切って，消費者余剰増分を求めた結果を示したものである。さらに，それぞれのアクセス距離における人口を求め，それを掛け合わせて 12 倍することにより年間地域総便益を計算した。そ

表 3.5 消費者余剰変化による便益

（a） 消費者余剰変化による便益計測

アクセス一般化価格〔円〕	上底〔円/(月·人)〕	下底〔円/(月·人)〕	高さ〔円/回〕	台形面積〔円/(月·人)〕	消費者余剰変化分〔円/(月·人)〕
0	3.13	5.54	128	556	1 270
128	1.76	3.13	128	313	714
256	0.99	1.76	128	177	401
385	0.56	0.99	128	100	224
513	0.32	0.56	128	56	125
641	0.18	0.32	128	32	68
769	0.10	0.18	128	18	37
897	0.06	0.10	128	10	19
1 026	0.03	0.06	128	6	9
1 154	0.02	0.03	128	3	3

（b） 地域総便益の計測

	人口〔人〕	年間地域総便益〔百万円/年〕
	0	0.00
	300	2.57
	1 000	4.81
	2 000	5.38
	5 000	7.47
	7 000	5.75
	10 000	4.41
	12 000	2.73
	15 000	1.60
	20 000	0.77
計	72 300	35.5

の結果，年間総便益は 35.5〔百万円/年〕となる。さらに，プロジェクト期間 50 年，社会的割引率 4 % として，式 (3.11a) により総便益を計算した結果 7.98 億円となった。これを整備費用と比較することにより，費用便益分析が実行できる。以上が通常の旅行費用法による便益計測である。

つぎに，式 (3.31) の効用関数を用いて，等価的偏差（EV）による便益も計測する。これにより，表 3.5 の消費者余剰変化による便益が正確であるのかが確認できる。EV は式 (3.6a) に示したとおりであり，$wT+\pi=\Omega$（所得）であることに注意すると，次式により EV が求められる。

$$
-\eta\frac{\lambda}{\alpha}\exp\left(\alpha P^A\right)\exp\left(\beta Q^A\right)+\eta\left[\Omega^A+EV\right]
$$

$$
=-\eta\frac{\lambda}{\alpha}\exp\left(\alpha P^B\right)\exp\left(\beta Q^B\right)+\eta\Omega^B \tag{3.35a}
$$

いま，$P^A=P^B(=P)$，$Q^A=0$，$Q^B=1$，$\Omega^A=\Omega^B(=\Omega)$ であることから，最終的に EV はつぎのようになる。

$$
EV=-\frac{\lambda}{\alpha}\exp(\alpha P)\left\{\exp(\beta)-1\right\} \tag{3.35b}
$$

式 (3.35b) に基づき，表 3.5 と同じアクセス距離に対するアクセス一般化価格に対して，それぞれEVを求めたものが**表3.6**である。年間地域総便益については，消費者余剰変化との違いがわかるように，EV/CSの比率も示している。これを見ると，アクセス一般化価格が高くなるにつれて，消費者余剰変化とEVの結果の違いが大きくなることがわかる。消費者余剰変化による計測では，本来，需要が限りなく0に近づく，すなわちアクセス一般化価格が無限になっていく部分の消費者余剰変化分も計測する必要があるが，表3.5に示すとおり，現在はアクセス一般化価格1 154円までしか計算していない。そのため，EVに比べ消費者余剰変化による便益が過小になったものと考えられる。ただし，年間総便益は$EV/CS=1.072$であるから，全体的には消費者余剰変化による便益の精度はある程度保たれていると考えられる。

表3.6　等価的偏差EVによる便益

（a）　等価的偏差EVによる便益計測

アクセス一般化価格〔円〕	等価的偏差EV〔円/(月・人)〕
0	1 240
128	699
256	394
385	222
513	125
641	71
769	40
897	22
1 026	13
1 154	7

（b）　地域総便益の計測

	人口〔人〕	年間地域総便益〔百万円/年〕	消費者余剰CSとEVの比率EV/CS
	0	0.00	—
	300	2.52	0.979
	1 000	4.73	0.984
	2 000	5.33	0.991
	5 000	7.52	1.006
	7 000	5.93	1.032
	10 000	4.78	1.083
	12 000	3.23	1.186
	15 000	2.28	1.427
	20 000	1.71	2.232
計	72 300	38.0	1.072

3.4.2　ヘドニック価格法

〔1〕　ヘドニック価格法の概要

3.4.1項の旅行費用法は，レクリエーション施設へのアクセス交通市場を代理市場として，レクリエーション施設整備（緑化事業など環境改善事業を含む）の便益計測を行ったものである。

ヘドニック価格法（hedonic price method）は，地域の環境改善事業（土地区画整理事業や景観整備事業なども含む）の効果を，おもに土地市場を代理市場として計測するものである。場合によって，労働市場や，事業による影響を強く受ける財・サービス市場を代理市場にするケースがある。このように，代理市場で評価が行える条件は「住環境水準変化のすべてが代理市場における価格変化に帰着する」という**キャピタリゼーション仮説**（capitalization hypothesis）が成立することである。土地市場を代理市場とするヘドニック価格法では「環境改善事業による住環境水準変化は，すべて代理市場である土地市場の価格，すなわち地価の変化に帰着する」というキャピタリゼーション仮説の成立が要件となる[12)]。キャピタリゼーション仮説の成立が想定できるとすれば，つぎにクロスセクションデータ（ある一時点における複数地点のデータ）あるいは時系列データを収集し，それを用いて式 (3.36) に示すような地価関数を推定する。そして，環境改善事業による住環境水準変化に対する地価の変化によって便益を計測する，というものがヘドニック価格法である。

$$P_i = \alpha_0 + \sum_k \alpha_k x_{ki} + \sum_l \beta_l z_{li} \tag{3.36}$$

ここで，P_i：地点 i の地価〔円/m^2〕，x_{ki}：地点 i の地域属性 k（駅までの所要時間，ショッピングセンターまでの所要時間，文化施設の数などが用いられる），z_{li}：地点 i の住環境水準 l（緑化事業であれば，緑地面積や緑地率，コミュニティ道路整備であれば，コミュニティ道路延長やコミュニティ道路面積，水害対策事業であれば，浸水深など，対象政策に応じて選定する），α_0，α_k，β_l：パラメータである。

地域属性，住環境水準を具体的に選定して，各地点のそれらのデータおよび地価データを収集する。そして，最小二乗法により式 (3.36) のパラメータ α_0，α_k，β_l を推定する。推定された地価関数に対し，環境改善事業の実施の有無に対する住環境水準を入力して，事業の有無の地価を計算する。それらの結果に基づき，以下の式より環境改善事業の年間便益 B〔円/年〕が計測できる。

$$B = \sum_i \left(P_i^W - P_i^{WO}\right) r A_i \tag{3.37a}$$

$$P_i^W = \alpha_0 + \sum_k \alpha_k x_{ki} + \sum_l \beta_l z_{li}{}^W \tag{3.37b}$$

$$P_i^{WO} = \alpha_0 + \sum_k \alpha_k x_{ki} + \sum_l \beta_l z_{li}{}^{WO} \tag{3.37c}$$

ここで，P_i^W：事業ありの地価，W：事業ありを表す添字，P_i^{WO}：事業なしの地価，WO：事業なしを表す添字，r：市場利子率，A_i：地点 i の土地面積〔m^2〕である。

式 (3.37) において，事業ありと事業なしの地価の差に市場利子率 r が乗じられているのは，**地価**（land price）を**地代**（land rent）という年当りの土地サービス価格に変換するためである。便益は，通常年間に対し求め，式 (3.11a) から対象期間すべてに対する総便益を計算するのが一般的である。1 年間という期間が，便益計測の精度をある程度保ちうる最大期間と見なされているためと考えられる。

ここで改めて，地価，地代の定義を説明する。地価とは資産すなわちストックとしての土地価格であり，地代とは土地（ストック）からある一定期間（通常は 1 年）に生み出されるフローとしての土地サービスに対する価格である。そして，地価と地代にはつぎの関係が成立する。

$$P_i = \frac{p_i}{1+r} + \frac{p_i}{(1+r)^2} + \frac{p_i}{(1+r)^3} + \cdots = \frac{p_i}{r} \tag{3.38}$$

ここで，p_i：地点 i の地代，r：市場利子率である。

式 (3.38) より地価 P_i に市場利子率 r を乗じることにより，地代 p_i という年当りの土地価格に変換されることがわかる。

式 (3.37) により，環境改善事業の年当り便益が計算できれば，プロジェクト対象期間，社会的割引率を設定して式 (3.11a) に基づき総便益が計算できる。そして，別途事業費用を積算すれば，費用便益分析を実行することが可能となる。

〔2〕 ヘドニック価格法の理論

では，なぜ〔1〕で示したような事業の有無に対する地代変化により，環境改善事業の便益が計測できるのかを説明する。まず，便益の本来の定義である等価的偏差EVにより環境改善事業の便益を求め，それが式(3.37)と一致するための条件を明らかにする。これにより，本来の便益定義とヘドニック価格法による便益との関係が明確になり，ヘドニック価格法は，どのような条件のもとで適用されるものかが把握できる。それは，キャピタリゼーション仮説の具体的な意味を明らかにすることにもなる。

ここでも，旅行費用法と同様に，家計の間接効用関数の特定化から話を始める。ただし，ここでは地点iごとに代表家計が存在しているものとし，その間接効用関数をつぎのとおり与える。

$$V_i = V(p_i, \Omega_i, z_{li}) \tag{3.39a}$$

ここで，V_i：地点iの代表家計の間接効用関数，p_i：地点iの地代，Ω_i：地点iの代表家計の所得，z_{li}：地点iの住環境水準である。

式(3.39a)では，簡単化のため価格は地代のみとした。他の財・サービス価格を扱ったような一般均衡への拡張も容易に行えるが，本質的結論はここでのものと同じになる。また，代表家計の所得Ω_iは地代収入の再配分を考慮して，つぎのように求められる。

$$\Omega_i = I + p_i A_i \tag{3.39b}$$

ここで，I：代表家計の粗所得（ここでは固定），A_i：地点iの土地面積である。

式(3.39b)では，家計はすべて持ち家であるとして，自身の地代支払いが自身の所得になると想定していると考えればよい。

ここで，**支出水準**とは「価格が与えられたもとで，ある効用水準（すなわち間接効用関数）を実現するために必要な所得」を意味する。そのため，式(3.39a)の効用水準から支出関数M_iを求めることにより，住環境水準が環境改善事業により${z_{li}}^A \to {z_{li}}^B$へ向上したことの便益がつぎのように求められる。

$$EV_i = M(p_i^A, V_i^B, {z_{li}}^A) - M(p_i^A, V_i^A, {z_{li}}^A) \tag{3.40}$$

式(3.40)は，等価的偏差EV_iが，効用水準V_iを$V_i^A \to V_i^B$まで変化させたときの支出水準変化で表されることを意味しており，これを積分により表現するとつぎのようになる。

$$EV_i = \int_{V_i^A}^{V_i^B} \frac{\partial M\left(p_i{}^A, V_i, z_{li}{}^A\right)}{\partial V_i} dV_i \tag{3.41}$$

効用水準 V_i は，式 (3.39a) より (p_i, Ω_i, z_{li}) の関数になっていることから，その全微分 dV_i はつぎのように表される。

$$dV_i = \frac{\partial V_i}{\partial p_i} dp_i + \frac{\partial V_i}{\partial \Omega_i} d\Omega_i + \frac{\partial V_i}{\partial z_{li}} dz_{li} \tag{3.42}$$

式 (3.42) を式 (3.41) に代入して，$\partial V_i / \partial \Omega_i$ をくくり出すと次式となる。

$$EV_i = \oint_{A \to B} \left[\frac{\partial M\left(p_i{}^A, V_i, z_{li}{}^A\right)}{\partial V_i} \frac{\partial V_i}{\partial \Omega_i} \left\{ \frac{\partial V_i / \partial p_i}{\partial V_i / \partial \Omega_i} dp_i + d\Omega_i + \frac{\partial V_i / \partial z_{li}}{\partial V_i / \partial \Omega_i} dz_{li} \right\} \right] \tag{3.43}$$

ここで，$\oint_{A \to B}$ は線積分を表し，$A \to B$ の経路，すなわち環境改善事業なしの状態から環境改善事業ありの状態までを V_i の変数 (p_i, Ω_i, z_{li}) で積分することを意味する。

式 (3.43) は，一見すると非常に複雑な形をしているように見えるが，個別に解釈していけばその意味するところが見えてくる。

まず，{ }の外にくくり出された部分は「効用水準に対する支出水準の微小変化」×「所得に対する効用水準の微小変化」であり，けっきょくは「所得に対する支出水準の微小変化」を表すといえる。支出水準の定義を考えれば，これはほぼ1になりそうであるが，正確を期すため $\phi(p_i, \Omega_i, z_{li})$ とおくことにする。

つぎに，{ }内の第1項は，式 (3.32) で用いたロアの恒等式から，また第2項は式 (3.39b) の両辺を全微分することにより求められる。最後に第3項は，住環境水準と所得に対する**限界効用比**（marginal utility ratio）であることから，所得と住環境水準の**限界代替率**（marginal rate of substitution），すなわち $\partial \Omega_i / \partial z_{li}$ となる。以上より，式 (3.43) の EV_i は次式のようになる。

$$EV_i = \oint_{A \to B} \left[\phi\left(p_i, \Omega_i, z_{li}\right) \left\{ -x_L dp_i + H_i dp_i + \frac{\partial \Omega_i}{\partial z_{li}} dz_{li} \right\} \right] \tag{3.44}$$

ここで，x_L：土地需要関数である。

一方，ヘドニック価格法での便益は式 (3.37) のとおりであり，それより式 (3.44) をつぎのようにして計測しているといえる。

$$EV_i = \int_{p_i^A}^{p_i^B} \phi\left(p_i, \Omega_i, z_{li}\right) H_i dp_i \cong \left(p_i^B - p_i^A\right) H_i \tag{3.45}$$

なお，ヘドニック価格法では $\phi(p_i, \Omega_i, z_{li}) = 1$ としていると考えられる。

式 (3.44) と式 (3.45) を見比べると，ヘドニック価格法とは，以下の条件を与えることによって，地代変化のみで便益を計測しているものといえる。

$$\frac{\partial \Omega_i}{\partial z_{li}} dz_{li} - x_L dp_i = 0 \tag{3.46}$$

これが，キャピタリゼーション仮説の本質といえる。すなわち，式 (3.46) の左辺第 1 項は住環境水準の変化に対し，所得の増加としてどの程度の効果を得たのかを表し，第 2 項は土地需要の消費者余剰変化を表していて，それらの和が 0 になることを式 (3.46) は示している。言い換えると，「住環境水準変化の効果が，地代変化による土地需要の消費者余剰の減少分と一致する」場合，ヘドニック価格法が適用できるといえる。

以上から，本来の便益定義に立ち戻ることによりヘドニック価格法ではどのような考え方に基づき便益計測を行っているのかが明らかにできたといえる。

3.4.3　CVM

〔1〕 CVM の 概 要

CVM（contingent valuation method）は**仮想市場法**とも呼ばれ，非市場財に対して仮想市場を設け，その仮想市場において非市場財を取得するとすればいくら支払うかをアンケートし，便益を計測する方法である。仮想市場はあらゆるものに設定できるため，あらゆる非市場財の評価に適用可能であり，非常に重宝される。しかし，支払い意思額などを直接アンケートにより尋ねるため，アンケートの回答が不安定になるおそれが高く，便益計測結果の信頼性が低いとの問題がある。例えば，アンケートの設計方法により回答が異なったり，まったく同じアンケートであっても回答者の状況によって回答者自身が回答を変えてしまったりするため，正確な答えを把握することが難しいのである。

しかし，このようなCVMが有する問題を十分に理解したうえで，CVMでしか計測できないような整備事業，例えば生態系保全事業や景観改善事業，オプション価値と呼ばれる将来のための整備事業の価値評価などには，積極的に適用することを検討すべきとされている。

〔2〕 CVM の 理 論

CVMでは，生態系保全事業や景観改善事業など（ここではまとめて環境改善事業と呼ぶ）に対し，直接その便益をアンケートで尋ねて評価が行われる。便益定義は，3.1.3項「便益の計測」で説明したように，等価的偏差（EV）と補償的偏差（CV）の2種類があり，いずれの方法を採用するかをまず決める。そして，以下に示すような質問文により，環境改善事業の実施による環境改善便益，あるいは何らかの原因により環境が悪化した場合には環境悪化被害額を尋ね，その結果から評価を行うというものがCVMである。EV，CVに対し，その定義式を再掲したうえで，さらに便益計測と被害計測の各ケースに対する質問文例を示す。

等価的偏差（EV）に基づく場合

定義式：$V(p_1^A, q_T^A, \{w^A T + \pi^A + EV\}) = V(p_1^B, q_T^B, \{w^B T + \pi^B\})$

再掲（3.6a）

【環境改善ケース】「環境改善事業に対し，かりにその事業が実行されないとしたならば，あなたは年間いくら受け取りたいと考えますか？」と尋ねる。これは，「事業あり（式(3.6a)ではB)の効用を得るためには，事業なし（式(3.6a)ではA)の状態で，いくらの**最小受取額**（WTA）が必要か」を問うものである。

【環境悪化ケース】「環境悪化が生じるとした場合に，かりに環境悪化がない状態を維持できるとすれば年間いくら支払ってもよいと考えますか？」と尋ねる。これは，「環境悪化（式(3.6a)ではB)の状況に対し，環境悪化なし（式(3.6a)ではA)の状態を維持するにはいくらの**最大支払い意思額**（WTP）があるか」を問うものであり，式(3.6a)ではマイナスのEV値を求めることになる。

補償的偏差（CV）に基づく方法

定義式：$V(p_1^A, q_T^A, \{w^A T+\pi^A\}) = V(p_1^B, q_T^B, \{w^B T+\pi^B - CV\})$

再掲（3.8a）

【環境改善事業の場合】「環境改善事業に対し，あなたは年間いくら支払ってもよいと考えますか？」と尋ねる。これは，「事業なし（式(3.8a)ではA）の状態に対し，事業あり（式(3.8a)ではB）の状態を維持するにはいくらの最大支払い意思額（WTP）があるか」を問うものである。

【環境悪化の場合】「環境悪化が生じるとした場合に，その状態を受け入れるためには年間いくら受け取りたいと考えますか？」と尋ねる。これは，「環境悪化なし（式(3.8a)ではA）の状態に対し，環境悪化（式(3.8a)ではB）の状態を受け入れるにはいくらの最小受取補償額（WTA）が必要であるか」を問うものであり，式(3.8a)ではマイナスのCV値を求めることになる。

以上がCVMの基本理論である。この中で，WTAは受取補償額を尋ねるものであることから，支払い意思額を尋ねるWTPよりも一般には過大評価になる可能性が高いとされる。そのため，上の質問文の中では，WTPによる調査法を採用したほうがよいとされている。すなわち，環境改善事業の評価の場合はCV，環境悪化被害の評価の場合はEVを用いたほうが望ましい。

また，交通整備の評価などにもCVMが適用できるのでは，と考えるかもしれない。それはもちろん不可能ではない。先のCVMの質問例において，「環境改善事業」を「交通整備事業」に置き換えれば，EVあるいはCVに基づく便益計測は可能である。

しかし，ここで改めて効用水準Vが何を意味するのかを考えてみたい。これは，効用最大化行動の結果から得られる需要関数を代入して得られる効用値である。交通整備は，その費用負担を別で考えるならば，ほぼ間違いなく効用水準を上昇させるが，それはあくまで交通需要の増大を通じてのものである。これを「その便益はいくらになりそうか？」と直接問うものがCVMである。しかし，交通需要の増大による効用水準変化を便益により計測する場合には，3.1.3 項「便益の計測」で説明した，交通需要変化による効用上昇分をEV あるいは CV により計測する方法，または 3.3.2 項「消費者余剰変化による利用者便益の計測」で説明した，交通需要の消費者余剰の増分により便益を計測するほうが，交通需要変化という客観的な結果を踏まえて評価できるため CVM より望ましいといえる。また，事業実施が直接影響する市場財がない場合でも，適切な代理市場が存在するならば，それにより便益計測を行ったほうがよい。それが，旅行費用法およびヘドニック価格法である。

CVM は，あくまで市場財あるいは代理市場での評価が困難なケースに限定して適用されるべきである，というのが現在の一般的な見解である。

〔3〕 質問票の作成

つぎに，具体的な CVM の実施方法を説明する。まず，質問票の作成が必要となる。これは，3.4.3 項〔2〕「CVM の理論」で説明した質問文が基本になるが，なるべくバイアス（歪み，偏り）が生じない回答を得るために，質問方式が工夫される。一般には，以下の 4 種類の中から選択される。なお，質問票の例（**図 3.9**）は，環境改善に対するものである[11]。

① 自由回答方式：自由に金額を回答してもらう（図 3.9 (a)）

② 付け値（つけね）ゲーム方式：提示金額に対して，賛成・反対の回答を求め，反対の回答が得られるまで金額を上げていく

③ 支払いカード方式：選択肢の中から金額を選択してもらう（図 (b)）

④ 二項選択方式：提示金額に対して，賛成・反対を選択してもらう（図 (c)）

以上の中で，被験者の負担などを考え，どの質問方式を選ぶかを決定する。

〔4〕 データの集計

つぎに，実際にアンケート調査を実施する。そして，アンケートの結果から各提示金額に対する賛成割合を計算する。なお，支払いカード方式では，回答額より低い金額は暗黙のうちに賛成したと見なされる。

例としてここでは，**表 3.7** および**図 3.10** に示すような提示金額に対する賛成割合が得られたものとする。

いま，以下のような環境改善事業が検討されています。
（イラストなどで環境改善事業の内容，それによる住環境改善効果などをわかりやすく説明する）
あなたの世帯では，毎年いくらの負担金であれば支払いに応じていただけますか。
金額をお答えください。
年間________円

（a）　自由回答方式による質問票例

いま，以下のような環境改善事業が検討されています。
（イラストなどで環境改善事業の内容，それによる住環境改善効果などをわかりやすく説明する）
あなたの世帯では，毎年いくらの負担金であれば支払いに応じていただけますか。
下記から一つ選び○を付けてください。もし，50 000 円より高い金額を回答される場合は，かっこの中に具体的に金額をお書きください。

0 円	200 円	500 円	1 000 円	2 000 円
3 000 円	4 000 円	5 000 円	6 000 円	7 000 円
8 000 円	9 000 円	10 000 円	12 000 円	15 000 円
20 000 円	25 000 円	30 000 円	50 000 円	（　　　　）円

（b）　支払いカード方式による質問票例

いま，以下のような環境改善事業が検討されています。
（イラストなどで環境改善事業の内容，それによる住環境改善効果などをわかりやすく説明する）
もし，毎年の負担金が 1 000 円の場合，あなたの世帯はこの事業の実施に賛成ですか。
下記から一つ選び○を付けてください。なお，負担金はこの地域にお住まいの間，毎年負担していただくこととなり，このぶんだけあなたの世帯で使うことのできるお金が減ることを十分に念頭に置いてお答えください。また，負担金はこの事業の実施と維持管理のためにのみ使われ，他の目的には一切使われないものとします。
1）　賛成　　　2）　反対

（c）　二項選択方式による質問票例（金額は適宜変更する）

図 3.9　各方式による質問票の例

表 3.7　提示金額に対する賛成と反対の割合

提示金額〔円/年〕	賛成割合〔%〕	反対割合〔%〕	提示金額〔円/年〕	賛成割合〔%〕	反対割合〔%〕
0	30	0	10 000	5	25
1 000	25	5	15 000	2	28
2 000	16	14	20 000	1	29
3 000	13	17	30 000	0	30
5 000	11	20	50 000	0	30
7 000	5	25			

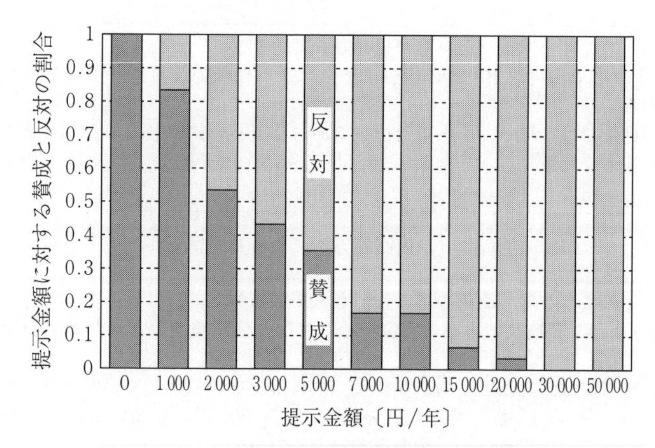

図 3.10　提示金額に対する賛成割合（グラフ）

〔5〕 支払い意思額の計測

環境改善を対象とする場合，図 3.9 では事業に対する支払い意思額（WTP）を尋ねている。そのため，表 3.7 あるいは図 3.10 の提示金額は WTP を表しており，それに対する賛成割合の結果が得られたといえる。

得られたアンケート結果から賛成率曲線を推定する。ここでは，以下のようなロジスティック曲線により賛成率曲線を与える。賛成率を式 (3.47) に示すような関数により推定することで，アンケート結果の統計的妥当性が検討できるとともに，後で CVM の便益計測方法として示す中央値 median および平均値 mean の算定が，統計学の定義に基づき行えるという利点がある。

$$P_Y = \frac{1}{1+\exp\left\{\alpha+\beta\ln(\mathrm{bid})\right\}} \tag{3.47}$$

ここで，P_Y：賛成確率，bid：提示金額〔円/年〕，α，β：パラメータである。

式 (3.47) は，つぎのように線形変換できる。

$$\ln\left(\frac{1}{P_Y}-1\right)=\alpha+\beta\ln(\mathrm{bid}) \tag{3.48}$$

この結果，表 3.7 あるいは図 3.10 のアンケート結果を用いることにより，通常の最小二乗法を利用してパラメータが推定できる。ここでは，そのパラメータ推定結果が $\alpha=-12.0$，$\beta=1.5$ になったとする。このとき，式 (3.47) の賛成率曲線は**図 3.11** のようになる。なお，図にはアンケートから得られたデータもプロットして表示し，推定された賛成率曲線が妥当であるか否かが視覚的に判断できるようにしている。

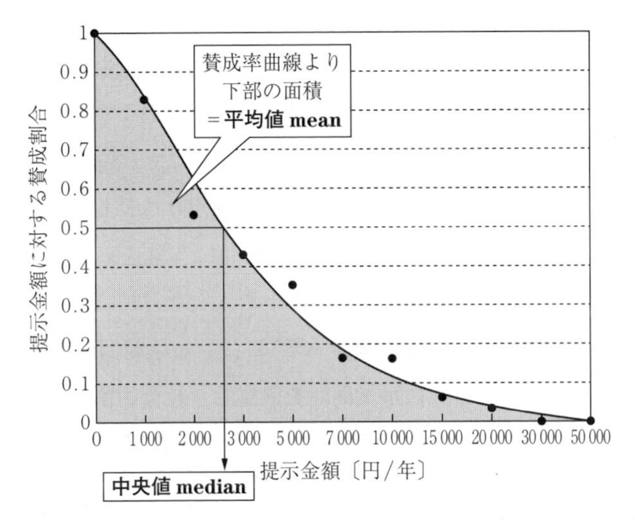

図 3.11 賛成率曲線に対する中央値 median と平均値 mean

以上より得られた賛成率曲線を用いて，世帯当りの WTP を算出する。それには，中央値 median と平均値 mean の 2 通りの方法がある。

中央値は，確率が 0.5 になるときの値（ここでは提示金額）のことであり，図に示すと図 3.11 の「中央値 median」となる。具体的には，式 (3.47) に P_Y =0.5 を代入して提示金額 bid を求めればよく，最終的な bid[median] の式はつぎのようになる。

$$\mathrm{bid}\left[\mathrm{median}\right]=\exp\left(-\frac{\beta}{\alpha}\right) \tag{3.49}$$

一方，平均値は式 (3.47) の賛成率曲線の下部の面積で表され，図 3.11 の灰色部分となる。式で表すとつぎのようになる。

$$\mathrm{bid}\left[\mathrm{mean}\right]=\int_0^T \mathrm{bid}\cdot P_Y\cdot d(\mathrm{bid}) \tag{3.50}$$

ここで，bid は「変数」としての支払い意思額を，T：提示金額の最高額である。平均値を求める場合，提示金額以上の賛成確率のデータは得られないため，提示金額の最高額 T を上限として平均値を求めることになる。

以上を計算すると，中央値は 2 981〔円/(世帯・年)〕，平均値は 5 999〔円/(世帯・年)〕となる。つぎに中央値か平均値か，いずれを最終的な便益計測に用いるべきかという問題が出てくる[13)]。まず中央値の優位な点は，賛成率曲線の関数形に依存せず比較的結果が安定していること，および多数決ルールによる政策決定が支持されるならば望ましい指標となることにある。一方，平均値は，それを世帯数倍すれば総便益になることが利点とされる。したがって，総便益を正確に計測する必要がある費用便益分析に CVM を適用する場合は，平均値を用いるほうが適切ということになる。

以上より，平均値〔5 999 円/(世帯・年)〕に，対象範囲内の世帯数を乗じて年間総便益を計算し，さらに事業期間を設定し，社会的割引率を与えることにより，式 (3.11a) から総便益を求める。これを総費用と比較することにより，費用便益分析が実行できる。

3.5　社会的厚生関数と意思決定

3.5.1　帰結主義と非帰結主義

ここまでは，公共プロジェクト評価について，費用便益分析を中心に説明を行ってきた。費用便益分析とは，ごく簡単にまとめると，公共プロジェクト実施による総便益が総費用を上回ればその実施が妥当と判断されるというものである。このような事業決定の方法は，**帰結主義**（consequentialism）と呼ばれる。なぜなら，費用便益分析による評価結果，言い換えると事業実施により想定される帰結に基づき事業の意思決定がなされるからである。

一方，これとは異なる立場をとるものが**非帰結主義**（non consequentialism）である。これは，帰結主義が必ずしも今日の多様化した政策要求に応え切れないとの考えから，帰結主義に代わるものとして，あるいは帰結主義を補完するものとして提起された考えである[14)]。誤解を恐れずいえば，現行の費用便益分析はまだまだ課題が多い。そのため，費用便益分析にだけ頼って意思決定を行うという帰結主義では，好ましくない事業の選択される可能性が否定できず，帰結主義以外の考え方が必要とされたものといえる。

費用便益分析の課題とは，簡単に思い付くだけでもつぎのようなものがある。① 費用便益分析を実行するための予測が正確でない可能性がある，② 景観や地域コミュニティの維持など，費用便益分析では評価できないあるいは評価の困難なものがある，③ 検討すべき代替案のすべてを評価できているわけではない，④ **公平性**（fairness）の問題は考慮されない。

まず ① は，将来に大きな不確実性のある場合は予測の外れる可能性があり，それにより費用便益分析の結果も変わるため事業決定が誤っていたという事態も起こりうるのである[15)]。② もよく指摘されるが，費用便益分析は原則として貨幣評価できるもののみが評価の対象となるため，貨幣評価の困難なものは評価に含められないという問題がある。なお，近年は 3.4 節に示した非市場評価法が提案され，実務への適用もなされていることから少しずつ改善されている。③ はすべての代替案を費用便益分析で評価していたのでは，時間とお金がかかりすぎ逆に非効率となるため，実際は事前にいくつかの代替案に絞り，それらを費用便益分析で評価し最終決定するという方法がとられる。しかし，その代替案を絞る際に恣意性の入る余地があるという指摘である。

④ も大きな問題であり，例えば一般的な費用便益分析では，複数プロジェクトでの検討を行う場合，式 (3.12b) に示した費用便益比（CBR）の大きいプロジェクト（場合によっては，経済的純現在価値（ENPV），経済的内部収益率（EIRR）の大きなプロジェクトを選択するということもある）が選択される。なぜなら，CBR の大きな事業は効率的に便益を生み出す事業であるため，優先度が高いと見なせるのである。しかし，CBR の大きなものだけを優先して事業を進めた場合，人口の多い地域や経済的に発展している地域に事業が集中するおそれがあり，地域間格差の拡大につながる可能性がある。これに対し従来の費用便益分析の考え方は，まず**効率性**を最大限高める事業を実施し，その後に所得の再分配などを実施して公平性への配慮を行うというものであっ

た[16)]。しかし，こうした方法をとっても地域間格差が是正されなかったため，効率性のみを重視するのではなく，公平性の観点から各地域へある程度平等にプロジェクトを配分することも重要と考えられるようになったのである。

現在は，基本的には帰結主義の考えに基づく費用便益分析により，事業実施の妥当性が判断される。しかし，帰結主義のみでは上で述べた問題の生じるおそれがあるため，適宜，非帰結主義的アプローチが用いられている。例えば，費用便益分析を実行する際の前提となる代替案の絞り込みでは，何らかのルールを作成しそれに基づき選定が行われる。また，現状の費用便益分析で評価できていな項目については，必ずしも便益の定量化を目指すものでない場合も含め，住民へのアンケート調査などにより配慮する。そして公平性の問題についても，国会議員や県会議員など，国民，住民の代表者が話し合いにより調整するようなこともなされる。これらは，帰結主義が不完全な面に対し，その是正のために行われる非帰結主義による措置と考えられる。

ただし，現状で非帰結主義を用いている場合でも，予測精度を高める努力や，非市場評価法の信頼性を向上させるなどの改善を行っており，帰結主義による方法の問題を解消する試みは継続的になされている。また，公平性の問題も，代表者が話し合うという解決方法だけでなく，どのように公平性を加味するのかを科学的に整理しようという試みも行われている。これが，社会的厚生関数を用いたアプローチであり，つぎの3.5.2項でその説明を行う。

3.5.2　社会的厚生関数

〔1〕 社会的厚生関数の特定化

社会的厚生関数（social welfare function）とは，個人レベルの効用水準を説明変数とした社会全体の厚生を表す関数のことである[17)]。ここでは，個人間ではなく，地域間の格差問題に焦点を当てるものとして，地域1，地域2の効用水準からなるつぎのような社会的厚生関数を考える。

$$W = W(V_1, V_2) \tag{3.51}$$

ここで，W：社会的厚生，V_1：地域1の効用水準，V_2：地域2の効用水準である。

各地域の効用水準 V_1, V_2 は，式(3.3)の家計の効用水準を地域ごとに求めたものである。したがって，V_1, V_2 は各地域の価格（これには地域別交通一般化価格も含まれる）と所得の関数になっている。

ここで，例えば中央政府が存在し，地域1，地域2以外から徴収した税を用いて，地域1か地域2に公共投資を実施し交通整備を行うことを考える。地域1，地域2には，それぞれどれだけ投資を行うことが望ましいのかを明らかにしたい。このためには式(3.51)の関数形を特定化し，社会的厚生 W を最大化させるような地域1，地域2の交通整備水準を求めることが考えられる。そこで，以下のような **CES**（constant elasticity of substitution）**関数**により社会的厚生関数を特定化し，地域1，2への交通投資配分の検討を行う。

$$W=\left[\alpha_1\left(V_1\right)^{-\rho}+\alpha_2\left(V_2\right)^{-\rho}\right]^{-1/\rho} \tag{3.52}$$

ここで，α_i：社会に対する地域 i（$i=1, 2$）の家計のウェイト，ρ（$\rho \geqq 1$）：公平性への社会的配慮の程度を表すパラメータである。

ρ は値が大きくなるほど公平性に配慮していることを表す。以下では，ρ を変化させて代表的な社会的厚生関数を導出する。

〔2〕 ベンサム型社会的厚生関数（$\rho=-1$ のケース）

式(3.52)に $\rho=-1$ を代入すると次式が得られる。

$$W=\alpha_1 V_1+\alpha_2 V_2 \tag{3.53}$$

これは，各地域の効用水準に重みを付けて足し合わせたものである。地域1，2のウェイトを同じにするものとし $\alpha_1=\alpha_2=1$ を式(3.53)に代入すると，一般にいわれる**ベンサム型**（Benthamite）**社会的厚生関数**」が得られる。以降では，地域1，2を同等に扱うという意味で $\alpha_1=\alpha_2=1$ のケースのみを考える。

ベンサム型社会的厚生関数は，功利主義を表したものとされる。功利主義とは「最大多数の最大幸福」といわれ，より多くの人がより幸福になることを求める考えである。例えば，地域1が豊かで地域2がそれほど豊かでなかったとしても，功利主義の立場では全体の幸福度の上昇が優先されるため，豊かな地域1の効用水準だけが高められた場合でも，結果として全体の社会的厚生 W が最も高まるならばその政策は認められることになる。すなわち，公平性への配慮は基本的になされないのである。

これは，現行の費用便益分析と同じ考え方である。いま，地域1と地域2に交通プロジェクトが実行され，それぞれ EV_1，EV_2 の便益が生じたとする。整備費用は中央政府によって別途準備されるとすれば，全体の経済的純現在価値（ENPV）はつぎのように各地域の便益の合計となる。

$$EV = EV_1 + EV_2 \tag{3.54}$$

ここで，EV：全体の総便益である。

式 (3.54) の総便益も，ベンサム型社会的厚生関数と同じ性質を持つ。すなわち，豊かかそうでないかに関係なく，地域1も地域2も同等に，各地域の便益が1単位増加すると総便益も1単位増加する。そのため，豊かな地域1の便益だけが増加する交通整備がなされたとしても，総便益が最も大きくなるならばその整備は妥当と判断されるのである。これは以下の式展開から，最終的に総便益が整備有無に対するベンサム型社会的厚生関数（式 (3.53) の W）の差となることからも明らかとなる。

まず，交通整備による便益EVは，式 (3.6b) のように効用水準変化により求められることを思い出してほしい。これを地域1，2のそれぞれに対して求めて式 (3.54) に代入する。ただし，地域1，地域2の所得の限界効用は同じであると仮定し λ とおくと，λ はつぎのように表される。

$$\lambda = \frac{\alpha_1^{\alpha_1}\left(1-\alpha_1\right)^{1-\alpha_1}}{\left(p_1^{\,1}\right)^{\alpha_1}\left(q_T^{\,1}\right)^{1-\alpha_1}} = \frac{\alpha_2^{\alpha_2}\left(1-\alpha_2\right)^{1-\alpha_2}}{\left(p_1^{\,2}\right)^{\alpha_2}\left(q_T^{\,2}\right)^{1-\alpha_2}} \tag{3.55}$$

限界効用を λ で表したうえで，式 (3.6b) を式 (3.54) に代入すると，EV は以下のように，交通整備有無に対する社会的厚生の差を所得の限界効用で除したものになる。

$$EV = \frac{1}{\lambda}\left[\left(V_1^B - V_1^A\right) + \left(V_2^B - V_2^A\right)\right]$$
$$= \frac{1}{\lambda}\left(W^B - W^A\right) \tag{3.56}$$

以上より，地域1，2の所得の限界効用が等しいという条件があるものの，総便益EVはベンサム型社会的厚生関数の差を所得の限界効用で除したものと一致する。すなわち，ベンサム型社会的厚生関数が最大化されるような政策や整備は総便益も最大化させることから，両者とも基本的には同じ性質であるといえるのである。

〔3〕 ナッシュ型社会的厚生関数（$\rho=0$ のケース）

続いて式(3.52)に $\rho=0$ を代入するが，0で除すことになるため直接は代入できない。そこで，まず式(3.52)の両辺の対数をとる。ただし，ここでも地域1，2は同じウェイトとし，さらに $\sum_i \alpha_1=1$ という制約を課すと $\alpha_i=0.5$ となる。

$$\log W = -\frac{\log\left[0.5\left(V_1\right)^{-\rho} + 0.5\left(V_2\right)^{-\rho}\right]}{\rho} \tag{3.57}$$

式(3.57)の右辺は，$\lim_{\rho\to 0}$ のとき分母分子とも0になる。すなわち，不定形であるため，以下に示す**ロピタルの定理**（theorem of L'Hopital）を適用する。

まず，式(3.57)の分母分子をそれぞれ $f(\rho)$，$g(\rho)$ とおく。

ロピタルの定理

$\dfrac{\lim_{x\to c} f(x)}{\lim_{x\to c} g(x)} = \dfrac{0}{0}$ または $\dfrac{\lim_{x\to c} f(x)}{\lim_{x\to c} g(x)} = \dfrac{\infty}{\infty}$ の不定形とき，$\lim_{x\to c}\dfrac{f'(x)}{g'(x)}$ が存在するならば，$\lim_{x\to c}\dfrac{f(x)}{g(x)} = \lim_{x\to c}\dfrac{f'(x)}{g'(x)}$ が成立する。

$$f(\rho) = -\log[0.5(V_1)^{-\rho} + 0.5(V_2)^{-\rho}], \qquad g(\rho) = \rho \tag{3.58}$$

すると，式(3.57)の右辺はロピタルの定理よりつぎのようになる。

$$\lim_{\rho \to 0} \frac{-\log\left[0.5(V_1)^{-\rho} + 0.5(V_2)^{-\rho}\right]}{\rho} = \lim_{\rho \to 0} \frac{f'(\rho)}{g'(\rho)} \tag{3.59}$$

式 (3.59) の右辺の分母は $g'(\rho)=1$ より 1 となる。一方，分子の $f'(\rho)$ はつぎのようになる。

$$f'(\rho) = -\frac{0.5\left[(V_1)^{-\rho}\right]' + 0.5\left[(V_2)^{-\rho}\right]'}{0.5(V_1)^{-\rho} + 0.5(V_2)^{-\rho}} = -\frac{\left[(V_1)^{-\rho}\right]' + \left[(V_2)^{-\rho}\right]'}{(V_1)^{-\rho} + (V_2)^{-\rho}} \tag{3.60}$$

式 (3.60) の分子を求めるには，$(V_1)^{-\rho}=X$，$(V_2)^{-\rho}=Y$ とおいて，それぞれの両辺に対し対数をとると

$$-\rho \log V_1 = \log X, \qquad -\rho \log V_2 = \log Y \tag{3.61}$$

となる。この両辺を ρ で微分して $\dfrac{dX}{d\rho}\left(=\left[(V_1)^{-\rho}\right]'\right)$，$\dfrac{dY}{d\rho}\left(=\left[(V_2)^{-\rho}\right]'\right)$ を求める。

$$\frac{dX}{d\rho} = -X \log V_1, \qquad \frac{dY}{d\rho} = -Y \log V_2 \tag{3.62}$$

いま，$X=(V_1)^{-\rho}$，$Y=(V_2)^{-\rho}$ より最終的に次式が得られる。

$$\left[(V_1)^{-\rho}\right]' = -(V_1)^{-\rho} \log V_1, \qquad \left[(V_2)^{-\rho}\right]' = -(V_2)^{-\rho} \log V_2 \tag{3.63}$$

これを式 (3.60) に代入すると，$f'(\rho)$ は次式のようになる。

$$f'(\rho) = \frac{(V_1)^{-\rho} \log V_1 + (V_2)^{-\rho} \log V_2}{(V_1)^{-\rho} + (V_2)^{-\rho}} \tag{3.64}$$

これより，式 (3.59) の右辺が求められ，それを式 (3.57) に代入すると次式が得られる。

$$\begin{aligned} \log W &= \lim_{\rho \to 0} \frac{f'(\rho)}{g'(\rho)} \\ &= \lim_{\rho \to 0} \frac{(V_1)^{-\rho} \log V_1 + (V_2)^{-\rho} \log V_2}{(V_1)^{-\rho} + (V_2)^{-\rho}} \\ &= \log V_1 + \log V_2 \end{aligned} \tag{3.65}$$

以上より，最終的に社会的厚生関数は次式のようになる。

$$W = V_1 V_2 \tag{3.66}$$

これは，**ナッシュ（Nash）型社会的厚生関数**と呼ばれ，各地域の効用水準の積で表されている。ナッシュが示した非協力ゲームの均衡解を導出する際の効用関数であるナッシュ積と同じ形をしている。ナッシュ型社会的厚生関数の特長は，例えば効用水準が相対的に低い地域に交通整備がなされた場合，他地域の効用水準が相対的に高ければ高いほど，効用水準の積で求められる社会的厚生はより大きく上昇することになる。すなわち，もともとの効用水準の低い地域への交通整備が社会的厚生をより上昇させることになり，公平性に配慮した社会的厚生関数になっている。

〔4〕 **ロールズ型社会的厚生関数（$\rho=\infty$のケース）**

$\rho=\infty$も式(3.52)に直接は代入できない。そこで，ここでは不等式を用いた誘導を行う。なお，ここでも$\sum_i \alpha_1=1$とし$\alpha_1=\alpha$，$\alpha_2=1-\alpha$とおくことにする。

まず$V_1<V_2$を仮定し，その逆数をとる。このとき不等式の向きが変わることに注意し，さらに両辺をρ乗する。$\rho>0$よりρ乗については不等式の向きは変わらない。その結果，次式が得られる。

$$(V_1)^{-\rho}>(V_2)^{-\rho} \tag{3.67}$$

この両辺に$(1-\alpha)$を乗じる。$1-\alpha>0$より不等式の向きは変わらず，さらに，左辺の$-\alpha(V_1)^{-\rho}$を移項すると次式が得られる。

$$(V_1)^{-\rho}>\alpha(V_1)^{-\rho}+(1-\alpha)(V_2)^{-\rho} \tag{3.68}$$

一方，$(1-\alpha)(V_2)^{-\rho}>0$より，次式が得られる。

$$\alpha(V_1)^{-\rho}+(1-\alpha)(V_2)^{-\rho}>\alpha(V_1)^{-\rho} \tag{3.69}$$

式(3.68)と式(3.69)よりつぎの関係式が得られる。

$$(V_1)^{-\rho}>\alpha(V_1)^{-\rho}+(1-\alpha)(V_2)^{-\rho}>\alpha(V_1)^{-\rho} \tag{3.70}$$

式(3.70)に対し，逆数をとり$1/\rho$乗する。逆数をとる際に不等式の向きが変わることに注意すると，次式が得られる。

$$V_1<[\alpha\left(V_1\right)^{-\rho}+(1-\alpha)\left(V_2\right)^{-\rho}]^{-1/\rho}<\alpha^{-1/\rho}V_1 \tag{3.71}$$

したがって，社会的厚生関数は次式を満たす。

$$V_1 < W < \alpha^{-1/\rho} V_1 \tag{3.72}$$

式 (3.72) に対し，$\rho \to \infty$ の極限をとる。$\lim_{\rho \to \infty} \alpha^{-1/\rho} = 1$ であることから次式が得られる。

$$V_1 < W < V_1 \tag{3.73}$$

以上より，$V_1 < V_2$ のときは次式が成立する。

$$\lim_{\rho \to \infty} [\alpha (V_1)^{-\rho} + (1-\alpha)(V_2)^{-\rho}]^{-1/\rho} = V_1 \tag{3.74a}$$

逆に，$V_1 > V_2$ のときには次式が成立する。

$$\lim_{\rho \to \infty} [\alpha (V_1)^{-\rho} + (1-\alpha)(V_2)^{-\rho}]^{-1/\rho} = V_2 \tag{3.74b}$$

式 (3.74) をまとめて表現すると，$\rho \to \infty$ のとき社会的厚生関数は次式のようになる。

$$W = \min\{V_1, V_2\} \tag{3.75}$$

これは，**ロールズ（Rawls）型社会的厚生関数**と呼ばれ，つねに効用水準の低い地域の効用水準と一致することになる。すなわち，交通整備を実施しても，一番効用水準の低い地域の効用水準が上昇しなければ社会的厚生は上昇しない。そのため，ロールズ型社会的厚生関数では，効用水準の高い地域への交通整備は基本的になされず，効用水準の低い地域へのみ交通整備されることになる。その結果，完全平等が達成される。すなわち，公平性を最大限重視している考え方がロールズ型社会的厚生関数といえる。

〔5〕 それぞれの社会的厚生関数の特徴

3.5.2 項〔1〕～〔4〕で示した社会的厚生関数についてまとめると，**表 3.8** のようになる。

表 3.8　社会的厚生関数の種類と関数形

社会的厚生関数の種類	ρ の値	関数形
一般形		$W = [\alpha_1 (V_1)^{-\rho} + \alpha_2 (V_2)^{-\rho}]^{-1/\rho}$
ベンサム型	-1	$W_B = V_1 + V_2$ （ただし，$\alpha_1 = \alpha_2 = 1$）
ナッシュ型	0	$W_N = V_1 V_2$ （ただし，$\alpha_1 + \alpha_2 = 1$）
ロールズ型	∞	$W_R = \min\{V_1, V_2\}$ （ただし，$\alpha_1 + \alpha_2 = 1$）

表3.8の各社会的厚生関数について，簡単な数値例を示すことにより，その特徴を改めて明らかにする。ここでは，地域1と地域2に対して，それぞれ効用水準が1単位上昇するような交通整備を行った場合，それぞれについて社会的厚生がどのように変化するのかを示す。

まず，もともとの各地域の効用水準が地域1は6単位，地域2は1単位という格差の大きな状況を想定する。その場合に，地域1，地域2それぞれ別々に，効用が1単位だけ上昇する交通整備を実施したとする。このとき，ベンサム型，ナッシュ型，ロールズ型のそれぞれについて，社会的厚生がどれだけ変化するのかを示したものが**図3.12**である。また，もとの各地域の効用水準が

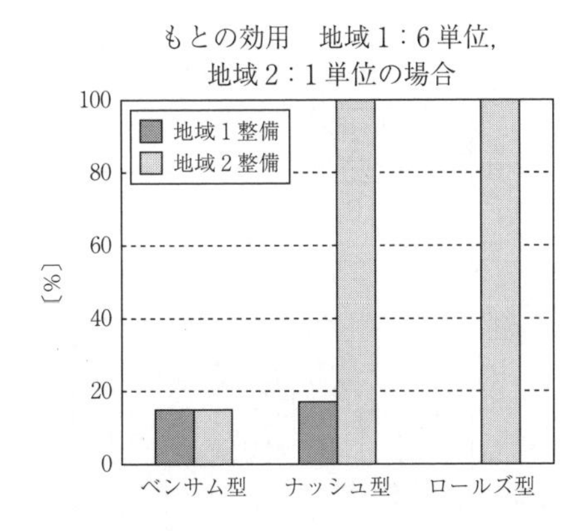

地域1に整備した場合

	整備無	整備有	変化率〔%〕
地域1のV	6	7	16.7
地域2のV	1	1	0.0
ベンサム型社会的厚生	7	8	14.3

	整備無	整備有	変化率〔%〕
地域1のV	6	7	16.7
地域2のV	1	1	0.0
ナッシュ型社会的厚生	6	7	16.7

	整備無	整備有	変化率〔%〕
地域1のV	6	7	16.7
地域2のV	1	1	0.0
ロールズ型社会的厚生	1	1	0.0

地域2に整備した場合

	整備無	整備有	変化率〔%〕
地域1のV	6	6	0.0
地域2のV	1	2	100.0
ベンサム型社会的厚生	7	8	14.3

	整備無	整備有	変化率〔%〕
地域1のV	6	6	0.0
地域2のV	1	2	100.0
ナッシュ型社会的厚生	6	12	100.0

	整備無	整備有	変化率〔%〕
地域1のV	6	6	0.0
地域2のV	1	2	100.0
ロールズ型社会的厚生	1	2	100.0

図3.12　各社会的厚生関数および交通整備効果の違い（拡差大のケース）

地域1は4単位，地域2は3単位である格差小のケースも**図3.13**に示した。

これを見ると，ベンサム型社会的厚生関数では地域1の整備，地域2の整備のいずれに対しても，社会的厚生関数の変化率は同じである。ベンサム型社会的厚生関数は，地域1，地域2に関係なく，どちらの地域でも1単位の効用上昇があれば社会的厚生も1単位上昇する。また，それは地域間格差の程度に関係なく，どのような状況でも交通整備は同等に社会的厚生を上昇させることになる。

ナッシュ型社会的厚生関数は，地域1整備の場合より地域2整備のほうが社会的厚生は大きく上昇している。また，地域間格差の大きなケースのほうが社

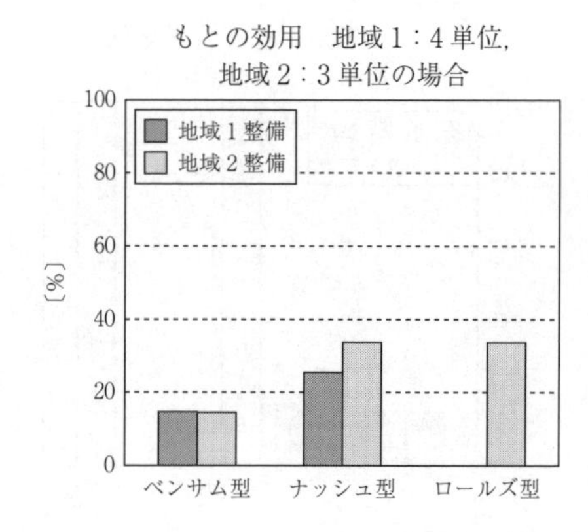

地域1に整備した場合

	整備無	整備有	変化率〔%〕
地域1のV	4	5	25.0
地域2のV	3	3	0.0
ベンサム型社会的厚生	7	8	14.3

	整備無	整備有	変化率〔%〕
地域1のV	4	5	25.0
地域2のV	3	3	0.0
ナッシュ型社会的厚生	12	15	25.0

	整備無	整備有	変化率〔%〕
地域1のV	4	5	25.0
地域2のV	3	3	0.0
ロールズ型社会的厚生	3	3	0.0

地域2に整備した場合

	整備無	整備有	変化率〔%〕
地域1のV	4	4	0.0
地域2のV	3	4	33.3
ベンサム型社会的厚生	7	8	14.3

	整備無	整備有	変化率〔%〕
地域1のV	4	4	0.0
地域2のV	3	4	33.3
ナッシュ型社会的厚生	12	16	33.3

	整備無	整備有	変化率〔%〕
地域1のV	4	4	0.0
地域2のV	3	4	33.3
ロールズ型社会的厚生	3	4	33.3

図3.13　各社会的厚生関数および交通整備効果の違い（拡差小のケース）

会的厚生の上昇率が高くなっている。すなわち，もともとの効用水準の低い地域2への交通整備が，地域1への交通整備よりも社会的厚生を高める結果となり，さらにそれは地域間格差の大きな場合のほうが高くなる。

ロールズ型社会的厚生関数は，さらに極端で，地域2への交通整備の場合しか社会的厚生の上昇が見られない。そして，この場合も地域間格差の大きな場合のほうが社会的厚生の上昇率が高い。

以上より，社会的厚生関数の種類によっては，もともとの効用水準の低い地域への交通整備のほうが社会的厚生をより高く上昇させる結果となることが示された。すなわち，公平性の問題に対し交通整備がどのような影響をもたらすのかが明らかにできた。しかし，最終的にどの社会的厚生関数を用いればよいのか，すなわち，ρの値をいくらに設定すればよいのかについては，依然として明確な解は得られていない。これらは非帰結主義に基づき，投票や話し合いにより解を見いだしていくことになると考えられる。

演　習　問　題

【1】 社会資本の投資が行われた際の消費者の便益について，2財のモデルで考える。財1，財2の消費量をx_1，x_2，価格をp_1，p_2，所得をIとした場合，消費者の効用関数は$u=u(x_1, x_2)=x_1 \cdot x_2$で与えられる。このとき，以下の問いに答えよ。

（1） 消費者の効用最大化行動を定式化せよ。

（2） 前問（1）を解き，最大効用値をp_1, p_2, Iのみを用いて示せ。

（3） ここで，$p_1=3$，$p_2=2$，$I=12$であるとき，最大効用値を算定せよ。

（4） 社会資本プロジェクトの実施により，消費者の最適消費点は，$(x_1{}^*, x_2{}^*)=(4.5, 3)$に移動する。このときの消費者の予算線はどのような直線で示されるか。ただしp_2，Iは変化しないとする。

（5） このプロジェクトの便益についての等価的偏差（EV）の値を算定せよ。

（6） 複数の代替プロジェクトがある場合の便益評価には，等価的偏差（EV），補償的偏差（CV）のいずれを用いるべきか。またその理由を簡単に説明せよ。

【2】 道路建設プロジェクト（予算：2 000億円）について，2種類の代替案が提案されており，経済分析を実行する。各期の両代替案の費用と便益が**問表 3.1** のように推計されている（単位：千万円）。ここで，t：期，i：社会的割引率，B_t：便益，C_t：費用，T：期間とする。このとき，以下の問いに答えよ。

問表 3.1　各代替案の費用と便益

期	代替案 1		代替案 2	
	便益	費用	便益	費用
0	0	5 000	0	4 000
1	2 000	4 000	1 000	2 000
2	8 000	5 000	5 000	2 000
3	12 000	6 000	8 000	5 000

（1） プロジェクト評価に用いる ENPV と CBR についてそれぞれ記号を用いて定義せよ。

（2） 社会的割引率：$i=4$ %とした場合の各代替案の ENPV と CBR の値を算定せよ（なお，ENPV は整数（千万円），CBR は小数第3位までの値で算定せよ）。

（3） 代替案1について，社会的割引率：$i=12$ %とした場合の ENPV の値を算定せよ。

（4） 代替案1について，前問（2），（3）の結果を用いて EIRR を算定せよ（ただし，この算定の範囲は，i の値と ENPV の値には線形関係が成立するとしてよい）。

（5） この道路建設プロジェクトについて，上記の算定結果を踏まえて，① 各指標から見てこのプロジェクトを採択すべきかどうか，② どちらの代替案を優先すべきかを判断せよ（ただし，判断にあたっては具体的な理由も記載すること）。

【3】 A市では道路区間整備計画を検討している。**問図 3.1** に現在の道路網（実線）と計画道路区間 A・B・C（破線）を示す。各リンク上の数値は所要時間〔分〕を表す。また，**問表 3.2** に計画道路区間の内容を示す。同市ではノード ① からノード ⑦ の経路上に 10 万台/日，年間 300 日の交通量が観測される。また，車両の時間価値を 35 円/(分・台) とする。このとき，以下の問いに答えよ。

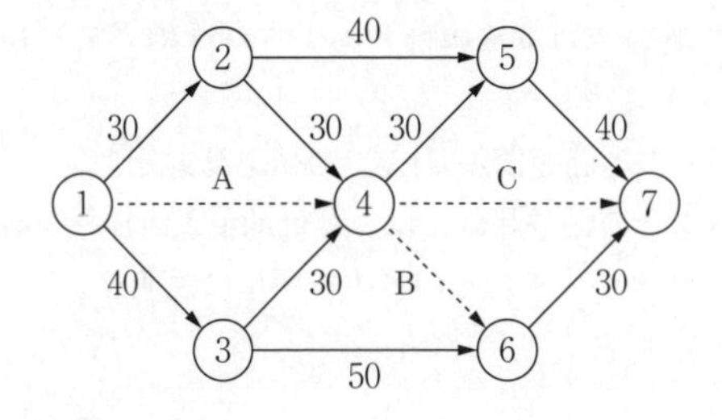

問図 3.1　道路ネットワーク（所要時間：分）

問表 3.2　道路整備計画区間

区間	リンク	所要時間〔分〕	建設費〔億円〕
A	① → ④	30	105
B	④ → ⑥	70	63
C	④ → ⑦	30	84

（1） 道路上のすべて車両は最短経路を利用すると考える。このとき，現在の道路網における年間総交通費用〔億円〕を算定せよ。

（2） 計画道路区間Aが建設された場合の社会的便益を年間総交通費用の減少分〔億円〕として算定せよ。

（3） 道路区間整備プロジェクトを第0期・第1期の2期で考える。各期では，計画道路区間A・B・Cのいずれか1区間が整備・供用される。社会的便益を最大にするため，第0期・第1期にそれぞれ建設すべき計画道路区間の組合せを示せ。

（4） 前問（3）で得られた最適プロジェクトに関して，ENPVとCBRを算定せよ。なお，社会的割引率は5％とする。

【4】 A市～B市の間は一般道路で結ばれている。一般道路を高速道路として整備する計画を検討する。このときの利用者便益の計測のためのデータは**問表3.3**のように得られている。このとき，以下の問いに答えよ。

問表3.3 利用者便益の計測のためのデータ

	一般道路	高速道路
高速道路料金〔円〕	—	700
走行費用〔円/台km〕	12	10
走行距離〔km〕	25	
時間価値〔円/分〕	30	
所要時間〔分〕	70	30
道路交通量〔百万台/年〕	450	500

（1） 一般道路・高速道路のそれぞれの場合の交通一般化価格を求めよ。

（2） 一般道路・高速道路のデータより，交通需要関数を求めよ。

（3） 高速道路整備による利用者便益を求めよ。

【5】 マサラタウンのレクリエーション施設までの旅行費用〔万円〕をそのサービスの価格と見なし，訪問回数〔回/年〕との関係をモデル化する。現在の（訪問回数，旅行費用）に関する観測データは（2, 16），（6, 8），（4, 10），（5, 6），（8, 2）で与えられる。このとき，以下の問いに答えよ。

（1） 独立変数を訪問回数x，従属変数を旅行費用Pとして，回帰分析によりRアクセス需要関数$P=\beta_0+\beta_1 x$のパラメータβ_0, β_1を推計せよ。

（2） 横軸に訪問回数，縦軸に旅行費用をとり，Rアクセス需要関数をグラフ化せよ。

（3） 来訪者が4〔回/年〕訪問するときの消費者余剰を算定せよ。

（4）　環境整備プロジェクトによりレクリエーション施設の魅力が増加し，R アクセス需要関数が訪問回数 2〔回/年〕分右上にシフトする。このときの消費者余剰の増分を算定せよ。

（5）　対象地域の人口を 10 万人としたときの環境整備プロジェクトの便益を求めよ。

【6】　複数の地区の環境条件や地価のデータを収集して，つぎのような地価を他の変数で推定する式を作成した。

$$LP=\beta_0+\beta_1 TS+\beta_2 SC+\beta_3 CF+\beta_4 LS$$

ここで，LP：地価〔円/m^2〕，TS：駅までの所要時間〔分〕，SC：ショッピングセンターへの所要時間〔分〕，CF：文化施設の数〔ヶ所〕，LS：環境質の良否（0～10 ポイント）である。また，回帰分析によりパラメータを推計したところ，β_0＝240 000，β_1＝－1 500，β_2＝－1 200，β_3＝4 000，β_4＝6 000 であった。このとき，以下の問いに答えよ。

（1）　駅までの所要時間：10 分，ショッピングセンターへの所要時間：15 分，文化施設の数：2 ヶ所，環境質の良否：5 のときの地価を算定せよ。

（2）　環境整備により，環境ポイントが 5 から 7 へ変化した。この環境整備の便益をヘドニックアプローチに基づき算定せよ。

【7】　**問図 3.2** の新規の高規格道路建設で，周辺地区の環境影響アセスメントを実施した。この結果，各地区の道路建設プロジェクトの有無により騒音レベルが**問表 3.4** のように変化することが懸念されている。また，各地区の人口は記載のとおりである。このとき，以下の問いに答えよ。

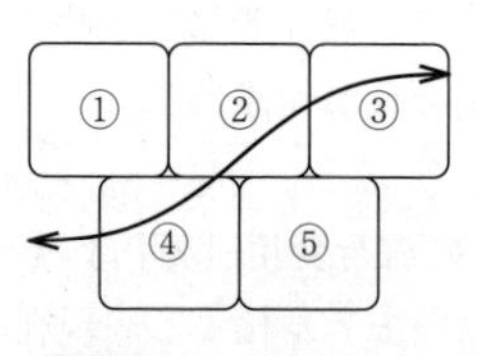

問図 3.2　道路建設プロジェクト

問表 3.4　各地区の騒音レベル

地区	プロジェクト		人口
	なし	あり	
1	50	65	110
2	40	70	80
3	40	75	75
4	50	70	100
5	50	60	90
	dB	dB	人

（1）　地区住民の騒音変化に対する支払意思額（WTP）〔1 人・1 dB・1 年当り〕を CVM のアンケート調査により決定する。このとき WTP の値に対する回答者数の分布が**問図 3.3** のように得られている。このとき，WTP の平均値を算定せよ。

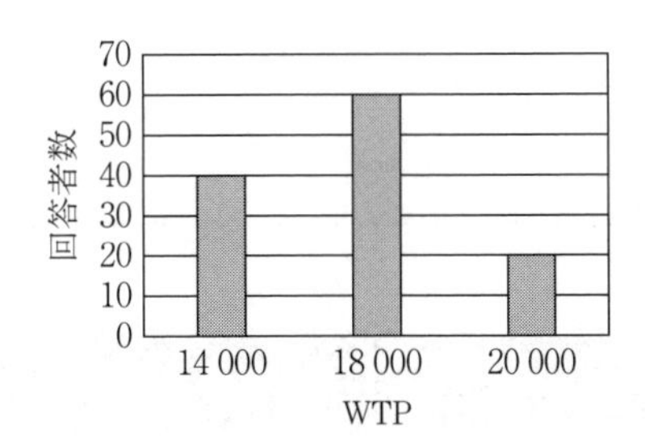

問図 3.3　地区住民の騒音変化に対する支払い意思額

（2）　各地区ごとの騒音レベルの変化分を算定し，人口・平均 WTP を乗じて，プロジェクトによる 1 年当りの騒音被害額を算出せよ。

（3）　全地区の騒音被害額の合計としてプロジェクトの 1 年当りの騒音被害総額を算出せよ。

【8】　財 x，財 y および個人 A，個人 B からなる経済を考える。それぞれの個人の効用関数はつぎのように定義される。

$$u_A = x_A^{1/2} y_A, \qquad u_B = x_B y_B^{1/2}$$

また，財 x，財 y の総数量はそれぞれ 12，9 であるとする。経済の社会的厚生関数が $w = u_A u_B$（ナッシュ型）であるとき，社会厚生が最大となる個人 A，個人 B への財 x，財 y の最適配分量を求めよ。

【9】　（エクセル演習）ある道路建設プロジェクトは 0 期に建設を行い，1 期から運用を開始するものとする。このプロジェクトの各期の費用と便益は，**問表 3.5** のように推計されている。ここで，社会的割引率は 4%とする。このとき，以下の問いに答えよ。

問表 3.5　各期の費用と便益

期	便　益	費　用
0	0	30 000
1	2 000	100
2	8 000	100
3	7 000	100
4	10 000	100
5	9 000	100

（単位：百万円）

（1）　経済的純現在価値を 0 期を基準年として算定せよ。

（2）　費用便益比を 0 期を基準年として算定せよ。

（3）　経済的内部収益率を 0 期を基準年として算定せよ（エクセルのソルバーを用いて解け）。

4 都市交通の経済分析

本章では，代表的な社会システムとして都市交通システムについて考える。都市交通システムの解析においては，ロジットモデルなどの離散選択モデル，交通ネットワーク解析などの数理モデルが応用される。一方で，消費者行動理論や余剰分析などの経済分析は，都市交通政策の理論的構成を与える。ここでは，都市交通の各分野に関する数理モデルと経済分析の関係，および応用方法について学習する。

4.1 交通行動の数理モデル

個人の**交通行動**（travel behavior）において意思決定される項目には，出発時刻，滞在時間など連続量で表される項目と，目的地，交通手段など離散的に表される項目がある。このため，交通行動の数理モデルは，連続型モデルと離散型モデルに大別される。ここでは，交通行動の**離散選択**（discrete choice）に関するモデルを取り上げる[1)～3)]。

4.1.1 離散選択モデルの定式化

交通行動の離散選択モデルにおいて，消費者行動理論に基づいたモデルの構成では，個人の選択行動規範として，「合理的選択仮説：交通行動者は最大の効用をもつ**選択肢**（alternatives）を選択する」，および「完全情報仮説：交通行動者は利用可能な選択肢について完全な情報を得ている」の2点を仮定する。これらの仮定に基づいた**確率効用理論**（random utility theory）では，選択肢の効用に確率的な変動を考える。したがって，個人 n の選択肢 i の効用

$U_{i,n}$ は，観測可能な要因についての部分的な効用を表す**確定項**（deterministic components）$V_{i,n}$，および観測不能な要因についての確率的変動を表す**誤差項**（error term）$\varepsilon_{i,n}$ により，式 (4.1) のように記述される。

$$U_{i,n} = V_{i,n} + \varepsilon_{i,n} \tag{4.1}$$

したがって，効用が最大となる選択肢は確率的に決定される。二項選択の場合，選択肢 $i=1$ の選択確率はつぎのように表される。

$$P_{1,n} = \Pr(U_{1,n} \geqq U_{2,n}) = \Pr(V_{2,n} - V_{1,n} \leqq \varepsilon_{1,n} - \varepsilon_{2,n} = \varepsilon_n) \tag{4.2}$$

誤差項 $\varepsilon_{i,n}$ の変動を表す確率分布としては，**正規分布**（ガウス分布）（normal distribution）を仮定するのが自然である。誤差項に正規分布を仮定した離散的選択モデルは**プロビットモデル**（probit model）と呼ばれる。しかしながら，プロビットモデルでは，選択確率の算定に積分計算が必要となり煩雑である。このため，計算の簡便さから，頻繁に用いられるのが**ロジットモデル**（logit model）である。ロジットモデルでは，誤差項 $\varepsilon_{i,n}$ の確率分布として，式 (4.3) に示すガンベル分布を仮定している。

$$f(\varepsilon) = \omega \exp(-\omega(\varepsilon - \eta)) \cdot \exp(-\exp(-\omega(\varepsilon - \eta))) \tag{4.3}$$

この結果として，誤差項にガンベル分布を仮定した二項ロジットモデルは，式 (4.4) のように導出される。

$$P_{1,n} = \frac{1}{1 + \exp\left(V_{2,n} - V_{1,n}\right)} = \frac{\exp\left(V_{1,n}\right)}{\exp\left(V_{1,n}\right) + \exp\left(V_{2,n}\right)} \tag{4.4}$$

一方，選択肢数 K の多項選択の場合，選択肢 i の選択確率は式 (4.5) で表される。

$$P_{i,n} = \frac{\exp\left(V_{i,n}\right)}{\sum_{k=1}^{K} \exp\left(V_{k,n}\right)} \tag{4.5}$$

効用の確定項 $V_{i,n}$ については，各選択肢のサービス水準（旅行時間，旅行費用など），個人の社会経済属性，トリップ属性などの説明変数による関数として定義される。通常，**線形効用関数**（linear utility function）が最もよく用いられる。

$$V_{i,n}=\theta_0+\theta_1 x_{1,i,n}+\cdots+\theta_j x_{j,i,n}+\cdots+\theta_J x_{J,i,n} \tag{4.6}$$

ここで，説明変数：$x_{1,i,n}, x_{2,i,n}, \cdots, x_{j,i,n}, \cdots, x_{J,i,n}$ および，それぞれの説明変数の係数パラメータ：$\theta_0, \theta_1, \theta_2, \cdots, \theta_j, \cdots, \theta_J$ である。係数パラメータの値は，説明変数および選択結果を含む観測データに基づいて推定する必要がある。

4.1.2　交通行動の観測データ

交通行動についての説明変数および選択結果を含む観測データの表現方法に関して，交通手段選択に関する観測データの例を**表 4.1** に示す。

表 4.1　交通手段選択に関する観測データの例

個人 n	旅行時間〔分〕		旅行費用〔円〕	交通手段選択結果	個人 n	旅行時間〔分〕		旅行費用〔円〕	交通手段選択結果
	自動車	公共交通	公共交通			自動車	公共交通	公共交通	
1	33	55	350	自 動 車	11	10	10	200	公共交通
2	21	45	250	自 動 車	12	18	15	200	公共交通
3	27	25	250	公共交通	13	40	50	350	自 動 車
4	46	55	300	自 動 車	14	20	27	200	自 動 車
5	31	40	250	自 動 車	15	50	60	400	自 動 車
6	23	35	200	自 動 車	16	20	20	200	公共交通
7	15	10	200	公共交通	17	35	26	300	自 動 車
8	40	50	300	自 動 車	18	12	10	200	公共交通
9	70	90	500	自 動 車	19	30	25	350	公共交通
10	25	20	300	公共交通	20	40	52	300	自 動 車

この例では，20 サンプルを対象とした調査により，それぞれのサンプル n について，自動車と公共交通の 2 種類の交通手段についての選択結果と，説明変数として自動車の旅行時間 $x_{1,Car,n}$〔分〕，公共交通の旅行時間 $x_{1,Pub,n}$〔分〕および旅行費用 $x_{2,Pub,n}$〔円〕について整理されている。

これらを交通手段選択の説明変数として，自動車の確定効用 $V_{Car,n}$ と公共交通の確定効用 $V_{Pub,n}$ をそれぞれ，前述した線形効用関数で記述すると，式 (4.7) のように表すことができる。ここで，$\theta_0, \theta_1, \theta_2$ は未知パラメータである。

$$V_{Car,n}=\theta_0+\theta_1 x_{1,Car,n}, \qquad V_{Pub,n}=\theta_1 x_{1,Pub,n}+\theta_2 x_{2,Pub,n} \tag{4.7}$$

これらの確定効用を用いて，自動車の選択確率 $P_{Car,n}$ と公共交通の選択確率

$P_{Pub,n}$ は，式 (4.4) と同様に，つぎのように記述できる。

$$P_{Car,n}=\frac{1}{1+\exp\left(V_{Pub,n}-V_{Car,n}\right)},\qquad P_{Pub,n}=1-P_{Car,n} \tag{4.8}$$

したがって，未知パラメータの数値が与えられれば，それぞれのサンプル n について，選択確率が算定できる。一方，交通手段の選択結果は，数値的な表現とするために，以下のようなダミー変数を用いて表す。

$$\delta_{i,n}=1\quad（個人\ n\ が選択肢\ i\ を選択している場合） \tag{4.9a}$$

$$\delta_{i,n}=0\quad（個人\ n\ が選択肢\ i\ を選択していない場合） \tag{4.9b}$$

例えば，サンプル 1 の交通手段選択結果は「自動車（$i=Car$）」であるので，選択結果についてのダミー変数は $\delta_{Car,1}=1$ および $\delta_{Pub,1}=0$ となり，サンプル 3 では「公共交通（$i=Pub$）」なので $\delta_{Car,3}=0$ および $\delta_{Pub,3}=1$ と表される。

このように離散的データとして選択結果は記述され，個々の選択確率および確定効用値を直接観測することはできない。

4.1.3　モデルパラメータの推定法

交通行動モデルでは，観測データを対象として，データに適合するようにモデルを構成することが求められる。したがって，離散選択モデルにより算定される選択確率が，観測データでの選択結果と一致するように，未知パラメータは推定される必要がある。

ここで，前述した交通手段選択に関する観測データの例では，観測結果の状態が同時に実現する確率 L^* は，つぎのように表される。

$$L^*=P_{Car,1}\cdot P_{Car,2}\cdot P_{Pub,3}\cdot P_{Car,4}\cdot P_{Car,5}\cdot P_{Car,6}\cdot P_{Pub,7}\cdot\cdots\cdot P_{Pub,19}\cdot P_{Car,20} \tag{4.10}$$

このような同時選択確率のことを**尤度**（ゆうど）（likelihood）という。一般的な形式で記述すると，ロジットモデルの尤度は，選択結果についてのダミー変数 $\delta_{i,n}$ を用いて，つぎのように表される。

$$L^*=\prod_n\prod_i\left(P_{i,n}{}^{\delta_{i,n}}\right) \tag{4.11}$$

係数パラメータの推定では，観測データに最も適合するパラメータ値を求める方法として，**最尤推定法**（maximum likelihood method）が用いられる。最尤推定法とは，観測データの選択結果が得られるもっともらしさ，すなわち尤度（同時選択確率）が最大となるように J 個の未知パラメータ $(\theta_0, \theta_1, \cdots, \theta_J)$ の値を推定する方法である。最尤推定法による実際の推定計算では，簡便のため，式 (4.11) の対数をとった対数尤度（式 (4.12)）を最大化する。

$$L = \ln L^* = \sum_n \sum_i \left\{ \delta_{i,n} \ln\left(P_{i,n}\right) \right\} \tag{4.12}$$

対数尤度関数 L は，任意の未知パラメータ θ_j に関して連続な凸関数であり，単峰性を有している。したがって，対数尤度の最大化により，パラメータ θ_j の値は一意に定めることができる。最大化のためには，1 階の条件より未知パラメータに関する 1 次の微係数を 0 として，つぎの連立方程式を解けばよい。

$$\frac{\partial L}{\partial \theta_j} = \sum_i \sum_n \left(\delta_{i,n} - P_{i,n}\right) x_{i,j,n} = 0 \quad (j = 0, 1, \cdots, J) \tag{4.13}$$

ただし，これは非線形連立方程式であるため，未知パラメータを求めるためには，数値計算法が必要となる。

4.1.4　モデルパラメータの推定手順

最尤推定法によるロジットモデルのパラメータ推定では，対数尤度関数 L の最大化のために，**ニュートン・ラプソン法**（Newton-Raphson method）が用いられる。ニュートン・ラプソン法では，ニュートン法の考え方を基本とした繰返し計算により，式 (4.13) が成立するような収束解を求める。

ニュートン・ラプソン法での繰返し計算 m 回目の解ベクトル $\theta^{[m]}$ の更新式は，式 (4.13) で表される対数尤度関数 L の**勾配ベクトル**（gradient vector）$\nabla L(\theta^{[m]})$ と，その 2 階偏微分行列である**ヘッセ行列**（Hessian matrix）$\nabla^2 L(\theta^{[m]})$ の逆行列を用いて，つぎのように記述できる。

$$\theta^{[m+1]} = \theta^{[m]} - [\nabla^2 L(\theta^{[m]})]^{-1} \cdot \nabla L(\theta^{[m]}) \tag{4.14}$$

勾配ベクトルの j 番目の要素は上述の式 (4.13) よりつぎのように表される。

$$\frac{\partial L^{[m]}}{\partial \theta_j} = \sum_i \sum_n \left(\delta_{i,n} - P_{i,n}{}^{[m]}\right) \cdot x_{i,j,n} \quad (j = 0, 1, \cdots, J) \tag{4.15}$$

ヘッセ行列の各要素である $j1$ 番目と $j2$ 番目の係数の組合せ $(\theta_{j1}, \theta_{j2})$ についての 2 次偏導関数は，つぎのように記述できる。

$$\nabla^2 L_{j1,j2}{}^{[m]} = \frac{\partial L}{\partial \theta_{j1} \cdot \partial \theta_{j2}}^{[m]}$$

$$= \sum_i \sum_n -P_{i,n}{}^{[m]} \cdot \left[\left(\sum_k P_{i,k}{}^{[m]} \cdot x_{i,j2,k}\right) - x_{i,j2,n}\right] \cdot \left[\left(\sum_k P_{i,k}{}^{[m]} \cdot x_{i,j1,k}\right) - x_{i,j1,n}\right] \tag{4.16}$$

具体的なパラメータ推定では，［0］初期設定の後，以下のような計算ステップ［1］～［7］を収束するまで繰り返すことで，収束解となる推定値を得る。

［0］初期設定　　通常はすべてのパラメータ値を 0 と置く。

$$\theta_0^{[0]} = 0.0, \quad \theta_1^{[0]} = 0.0, \quad \cdots, \quad \theta_j^{[0]} = 0.0, \quad \cdots, \quad \theta_J^{[0]} = 0.0 \tag{4.17}$$

［1］効用値の算定　　m 回目の繰返し計算において，算定されたパラメータ値 $\theta_0^{[m]}, \theta_1^{[m]}, \cdots, \theta_J^{[m]}$ が与えられる。これらとそれぞれの説明変数 $x_{i,j,n}$ を用いて，繰返し計算 m 回目におけるサンプル n の選択肢 i の効用値 $V_{i,n}{}^{[m]}$ を算定する。

$$V_{i,n}{}^{[m]} = \sum_j \theta_j^{[m]} \cdot x_{i,j,n} \tag{4.18}$$

［2］選択確率の算定　　繰返し m 回目において算定されたサンプル n の各選択肢の効用値を用いて，サンプル n の選択肢 i の選択確率 $P_{i,n}{}^{[m]}$ を算定する。

$$P_{i,n}{}^{[m]} = \frac{\exp\left(V_{i,n}{}^{[m]}\right)}{\sum_k \exp\left(V_{k,n}{}^{[m]}\right)} \tag{4.19}$$

［3］勾配ベクトルの算定　　繰返し m 回目において算定された選択確率 $P_{i,n}{}^{[m]}$ を用いて，j 番目の係数に対して，式 (4.15) で一次の微係数をそれぞれ算定し，それらをまとめて勾配ベクトル $\nabla L(\theta^{[m]})$ とする。

［4］ヘッセ行列の算定　　式 (4.16) で表される2次偏導関数により，繰返しm回目において算定された選択確率 $P_{i,n}{}^{[m]}$ を代入して行列要素の値を算定し，ヘッセ行列 $\nabla^2 L(\theta^{[m]})$ とする。

［5］逆行列の算定　　ヘッセ行列 $\nabla^2 L(\theta^{[m]})$ に対して，Gauss-Jordan 法などのアルゴリズムを用いて，逆行列 $[\nabla^2 L(\theta^{[m]})]^{-1}$ を算定する。

［6］パラメータ値の更新　　m 回目において算定されたパラメータベクトル $\theta^{[m]}$ に対して，式 (4.14) を用いて $m+1$ 回目のパラメータベクトル $\theta^{[m+1]}$ に更新する。

［7］収束判定　　m 回目において算定されたパラメータベクトル $\theta^{[m]}$ と繰返し $m+1$ 回目のパラメータベクトル $\theta^{[m+1]}$ の差が十分小さくなれば収束したと判定する。収束条件としては，以下のような条件を用いる。

$$\frac{1}{2}\sqrt{\sum_j \left(\theta_j^{[m+1]} - \theta_j^{[m]}\right)^2} < \varepsilon_1 \quad \text{および} \quad \left|\frac{\theta_j^{[m+1]} - \theta_j^{[m]}}{\theta_j^{[m]}}\right| < \varepsilon_2 \tag{4.20}$$

4.1.5　モデルパラメータの推定計算例

4.1.2 項の交通手段選択に関する観測データを例として，パラメータの推定計算過程を見てみる。［0］初期設定では，以下のように係数パラメータに初期値0が与えられる。

$$\theta_0{}^{[0]} = 0, \quad \theta_1{}^{[0]} = 0, \quad \theta_2{}^{[0]} = 0 \tag{4.21}$$

繰返し計算1回目では，係数パラメータに初期値から，計算ステップ［1］で効用値 $V_{Car,n}{}^{[0]} = 0$，$V_{Pub,n}{}^{[0]} = 0$ が算定され，さらに計算ステップ［2］で選択確率 $P_{Car,n}{}^{[0]} = 0.5$，$P_{Pub,n}{}^{[0]} = 0.5$ が算定される。これらの選択確率を用いて，計算ステップ［3］で勾配ベクトル $\nabla L(\theta^{[0]})$，計算ステップ［4］でヘッセ行列 $\nabla^2 L(\theta^{[0]})$，計算ステップ［5］で逆行列 $[\nabla^2 L(\theta^{[0]})]^{-1}$ を算定し，計算ステップ［6］では以下のようにパラメータ値を更新する。

$$\theta^{[1]}=\theta^{[0]}-[\nabla^2 L(\theta^{[0]})]^{-1}\cdot\nabla L(\theta^{[0]})$$

$$=\begin{bmatrix}0\\0\\0\end{bmatrix}-\begin{bmatrix}-2.839 & 2.140\times10^{-2} & -9.86\times10^{-3}\\ 2.140\times10^{-2} & -2.700\times10^{-3} & 1.314\times10^{-4}\\ -9.860\times10^{-3} & 1.314\times10^{-4} & -3.789\times10^{-5}\end{bmatrix}\begin{bmatrix}2\\-79\\-900\end{bmatrix}$$

$$=\begin{bmatrix}-1.506\\-0.138\\-0.0040\end{bmatrix} \tag{4.22}$$

繰返し計算を進めていくと，繰返し6回目での係数パラメータ値はそれぞれ $\theta_0^{[6]}=-5.966$，$\theta_1^{[6]}=-0.356$，$\theta_2^{[6]}=-0.0217$ と算定される。

繰返し計算7回目で，計算ステップ［1］で式(4.18)により算定した効用値，および計算ステップ［2］で式(4.19)により算定した選択確率を**表4.2**に示す。

表4.2　交通手段選択モデルの推定計算例（効用値および選択確率）

個人 n	効用値		選択確率		個人 n	効用値		選択確率	
	自動車	公共交通	自動車	公共交通		自動車	公共交通	自動車	公共交通
1	−17.71	−27.17	1.000	0.000	11	− 9.53	− 7.90	0.164	0.836
2	−13.44	−21.44	1.000	0.000	12	−12.37	− 9.68	0.063	0.937
3	−15.58	−14.32	0.222	0.778	13	−20.20	−25.39	0.994	0.006
4	−22.34	−26.08	0.977	0.023	14	−13.09	−13.95	0.703	0.297
5	−17.00	−19.66	0.935	0.065	15	−23.76	−30.03	0.998	0.002
6	−14.15	−16.80	0.934	0.066	16	−13.09	−11.46	0.164	0.836
7	−11.31	− 7.90	0.032	0.968	17	−18.42	−15.76	0.065	0.935
8	−20.20	−24.30	0.984	0.016	18	−10.24	− 7.90	0.088	0.912
9	−30.88	−42.88	1.000	0.000	19	−16.64	−16.49	0.461	0.539
10	−14.86	−13.63	0.225	0.775	20	−20.20	−25.02	0.992	0.008

この結果から，計算ステップ［3］で勾配ベクトルの各要素は以下のようになる。

$$\frac{\partial L}{\partial\theta_0}^{[7]}=2.584\times10^{-5},\quad \frac{\partial L}{\partial\theta_1}^{[7]}=-4.085\times10^{-4},\quad \frac{\partial L}{\partial\theta_2}^{[7]}=-7.219\times10^{-3} \tag{4.23}$$

また，計算ステップ［4］でヘッセ行列を求めた結果から，計算ステップ［5］でその逆行列は以下のように算定される。

$$\left[\nabla^2 L^{[7]}\right]^{-1}=\begin{bmatrix} -17.55 & -3.481\times10^{-1} & -6.698\times10^{-2} \\ -3.481\times10^{-1} & -2.837\times10^{-2} & -1.393\times10^{-3} \\ -6.698\times10^{-2} & -1.393\times10^{-3} & -2.658\times10^{-4} \end{bmatrix} \tag{4.24}$$

これらの結果から，$[\nabla^2 L(\theta^{[7]})]^{-1}\cdot\nabla L(\theta^{[7]})$ の各要素はいずれも 10^{-3} 未満となり，計算ステップ［6］でのパラメータベクトルの更新の結果は以下のようになる。

$$\theta^{[7]}=\theta^{[6]}-\left[\nabla^2 L\left(\theta^{[7]}\right)\right]^{-1}\cdot\nabla L\left(\theta^{[7]}\right)=\begin{bmatrix} -5.966 \\ -0.356 \\ -0.0217 \end{bmatrix}-\begin{bmatrix} -1.722\times10^{-4} \\ -1.265\times10^{-5} \\ -7.571\times10^{-7} \end{bmatrix} \tag{4.25}$$

したがって，計算ステップ［7］での収束判定値はいずれも微小となり，パラメータベクトル $\theta^{[7]}$ で収束したと判定される。この結果として，推定値 $\hat{\theta}_0=-5.967$，$\hat{\theta}_1=-0.356$，$\hat{\theta}_2=-0.0217$ が得られる。

4.1.6　パラメータ推定値の検定とモデルの適合度

個々の説明変数について，係数パラメータの統計的有意性に関する検定としては，線形回帰分析の場合と同様な考え方に基づいて，t 検定が適用される。帰無仮説としては，対象とする説明変数の係数パラメータ θ_j が 0 であるとする。係数パラメータ θ_j の検定統計量 t 値は，推定値 $\hat{\theta}_j$ とヘッセ行列の逆行列の対角要素 $[\nabla^2 L_{j,j}]^{-1}$ を用いて，式 (4.26) により算定できる。

$$t_j=\frac{\hat{\theta}_j}{\sqrt{-[\nabla^2 L_{j,j}]^{-1}}} \tag{4.26}$$

この t 値の絶対値が，有意水準により決まる閾値（いき）（サンプル数が多数の場合は 1.96）よりも大きければ，帰無仮説は棄却され，係数パラメータ θ_j の推定値 $\hat{\theta}_j$ が統計的に有意であることが示される。

前述の推定計算例について，それぞれの係数パラメータについて，t 値を算出すると以下のようになる。

$$t_0=\frac{-5.967}{\sqrt{-(-17.55)}}=-1.424,$$

$$t_1=\frac{-0.356}{\sqrt{-(-2.837\times10^{-2})}}=-2.113,$$

$$t_2=\frac{-0.0217}{\sqrt{-(-2.658\times10^{-4})}}=-1.330 \tag{4.27}$$

サンプル数 20 で自由度 17 であるため，有意水準 5 %では $|t_j|\geqq 2.110$ で統計的に有意となる。このため，$\hat{\theta}_1$ のみが有意水準 5 %で有意といえる。

一方，モデルの説明力を表す適合度の指標としては，ランダムに選択肢を選択する場合の初期対数尤度 $L(0)$ と比較して，対数尤度 $L(\hat{\theta})$ がモデルにより向上した程度を表す**尤度比指標**（likelihood ratio index）ρ^2 が用いられる。ただし，説明変数の追加により指標値の向上が図れることから，対数尤度から未知パラメータ数 J を差し引いた自由度調整済み決定係数 $\bar{\rho}^2$ も提案されている。

$$\rho^2=1-\frac{L(\hat{\theta})}{L(0)},\qquad \bar{\rho}^2=1-\frac{L(\hat{\theta})-J}{L(0)} \tag{4.28}$$

4.1.7 非集計モデルに関する重要事項

ここでは，非集計モデルに関して，パラメータ推計に加えて重要な事項について述べる[1)]。

〔1〕 IIA　特　性

これは，**IIA 特性**（independence from irrelevant alternative：選択確率比の文脈独立）といわれるロジットモデルの特徴である。

ここでは，「赤バス–青バス問題」といわれる問題を考える。現在，効用値の等しい自動車と赤バスが利用されているとする。このとき，算定される自動車と赤バスの選択確率は次式で示すように，ともに 1/2 である。

$$P_1 = \frac{e^{V_1}}{e^{V_1}+e^{V_2}} = \frac{e^{V}}{e^{V}+e^{V}} = \frac{1}{2} = P_2 \tag{4.29}$$

つぎに，バス会社は赤バスに加えて，青バスを運行する。バスの色彩以外の部分は相違がないため，青バスの効用は赤バスと同じである。したがって，新規の3種類の交通機関，自動車・赤バス・青バスの効用は等しい。したがって，各選択確率は1/3となる。

$$P_1 = P_2 = P_3 = \frac{e^{V}}{e^{V}+e^{V}+e^{V}} = \frac{1}{3} \tag{4.30}$$

この場合には，自動車とバスの交通機関分担率が50％であったことに対して，交通機関の設定を変更することで，バス（赤バス・青バス）の分担率が67％（33.3％+33.3％）に増加することになる。このような特性をIIA特性という。

ロジットモデルの長所は，モデルが扱いやすく，新規の選択肢を扱いやすいことである。一方で，上記のIIA特性により類似した選択肢を過大に推計しやすいという短所がある。

一方で，離散選択モデルのうち，プロビットモデルでは，同時確率密度（多変数正規分布）での「分散共分散行列」を用いて，選択肢ごとの相関を考慮できる。

〔2〕 **集計化問題**（aggregation bias）

離散選択モデルは，個別交通行動を推計するモデルであるので，地域別・ゾーン別の集計単位を考える場合，個別の選択確率の推計結果を集計化する必要がある。ここでは代表的な方法について述べる。

（1） **数え上げ法**（enumeration method）　各個人（または集団）ごとに選択確率をそのまま集計化する方法である。ここで，Xを説明変数ベクトル，Nをサンプル数とするとき

$$\text{選択肢}\ i\ \text{の選択者数：}\ V_i^0 = \sum_k P_k\left(i \mid X_k, \theta\right) \tag{4.31}$$

$$\text{選択肢 } i \text{ のシェア}\quad : S_i^0 = \frac{\sum_k P_k\left(i \middle| X_k, \theta\right)}{N} \tag{4.32}$$

ということになる。

（2）**平均値法**（naive method）　X の値に平均値 $\overline{X}$ を代入してシェアを求める方法である。

$$S_i = P(i \mid \overline{X}, \theta) \tag{4.33}$$

（3）**分類法**（classification method）　平均値法のように，$\overline{X}$ を代入すると X の分布に起因する集計誤差が大きいため，類似のグループごとに，X の値に平均値 $\overline{X}$ を代入したシェアを求める。

$$\text{セグメント } g \text{ についてのシェア}: S_{ig} = P(i \mid \overline{X}_g, \theta) \tag{4.34}$$

を求める。これらをさらにまとめて

$$\text{選択肢 } i \text{ のシェア}: S_i = \sum_g S_{ig} \tag{4.35}$$

を求める。

このほかに，**積分法**（integration summation），**テイラー展開による近似法**（statistical differentials）などがある。

〔3〕**SP 調査**（stated preference）

現実に行われた選択行動を**顕在化した選好**（revealed preference），仮想的な状況での選択意識を**潜在的な選好**（stated preference）という。これらに対応する交通調査データを簡単に RP データ，SP データという。例えば，交通行動の基本データであるパーソントリップ調査は，すべて顕在化したデータで構成されており，RP データである。

したがって，パーソントリップ調査の補完として，SP データ（選好意識データ）によって，潜在的な選好性を調査することがある。将来，運行される新規交通機関などの選好を調査する場合に用いられる。

選好意識データの長所は，① 選択肢集合が明確になる，② いろいろな形式の質問ができる，などがあげられる。一方で，短所として，① 経験がないものなので回答がいいかげんになる，② 質問数が多くなると回答不能になる，③ 設定した質問の範囲での回答になるなどがあげられる。このように，観測データに含まれる情報が正しくないとき**バイアス**（bias）があるという。

4.2　鉄道交通の経済分析

本章で取り上げる都市交通問題に関して，ここでは社会システムの経済分析として，都市鉄道の運賃政策について考える。具体的には，交通経済学の基本的方法によって鉄道交通の解析手順について学習する。

4.2.1　基礎事項の復習

鉄道交通の経済学を学ぶにあたり，これまでに説明された基礎事項を簡単に整理しておく[4)～7)]。まず，消費者は財とサービスを消費すると考えた。ここで，人や物の移動を提供する交通は，財ではなく**サービス**である（2.1.1 項参照）。したがって，交通サービスの最大の特徴として，在庫あるいは貯蔵が不可能である（在庫不可能性）。また，交通需要を**本源的需要**（移動が本来の目的である場合）と**派生的需要**（移動先で行う活動が目的である場合）に分類すると，都市交通のほとんどは派生的需要である。したがって，日常的な都市交通に関しては，時間消費を一種の費用と考えて分析する必要がある。

また，鉄道交通は公共交通機関として利用されることが多く，**公共財**としての性質が大きい。公共財の基本的性質は，非競合性・排除不可能性であった（2.4.3 項参照）。さらに，交通サービスの消費者と供給者の存在する市場均衡点では，価格は限界費用と等しくなっている（**供給曲線＝限界費用曲線**）。これまでの議論で，完全競争市場では，市場均衡の状態で社会的余剰が最大となり，**パレート最適**である（2.4.5 項参照）。しかしながら，都市交通のサービス市場は，完全競争市場ではなく，都市交通サービスの供給では，赤字が発生して，交通企業が倒産する（交通企業が市場から撤退する）場合がある。これを，**市場の失敗**という（2.4.2 項参照）。また市場の失敗の原因の一つが外部不経済の発生である。すなわち，交通サービスの生産費用に関して，社会的費用と私的費用の間の乖離に相当する**外部不経済**が発生する。都市交通の場合，この典型的な現象は，交通事故，環境被害，交通混雑である（2.4.4 項参照）。このような，交通経済学の方法論に基づいて，都市の鉄道と道路についての議論を行う。本節では都市鉄道の経済学に基づく分析方法を紹介する。

4.2.2　交 通 の 費 用

交通の費用には，市場において，取引される貨幣的費用（金銭的価値）と市場において取引されない非貨幣的費用含まれている。

すでに見たように，費用関数とは産出量を産み出すために必要な要素投入額（総生産費用）をいう（2.3.4 項参照）。すなわち，$wx(y) \equiv c(y) = TC(y)$ である。**図 4.1** に費用関数の概要を示す。費用関数は産出量 y に対する増加関数となる。したがって，生産物 1 単位当りの平均生産費用は，$AC = c(y)/y$ である。**図 4.2** はこの概要を示している。

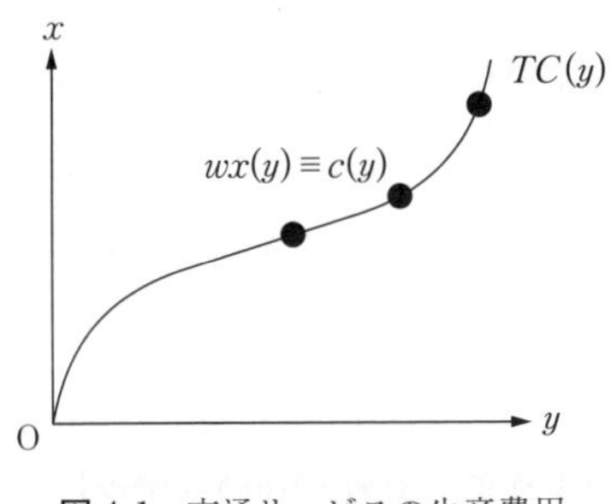

図 4.1　交通サービスの生産費用

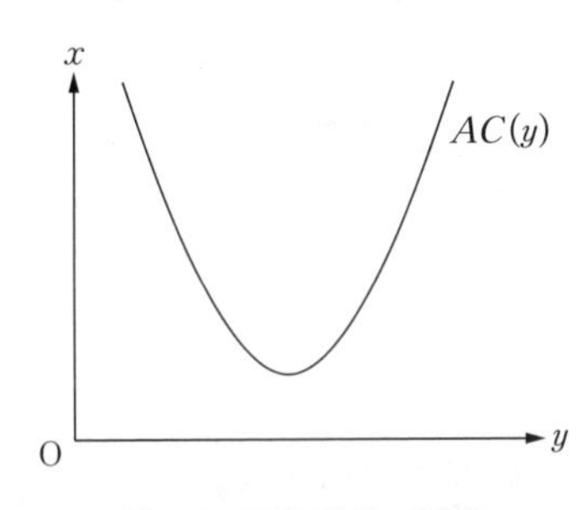

図 4.2　平均費用の概要

また，総費用 TC は，可変費用 VC と固定費用 FC の和で表現できる。したがって，平均費用は平均可変費用と平均固定費用に分けることができる（2.3.5 項参照）。

$$AC = \frac{TC}{y} = \frac{VC}{y} + \frac{FC}{y} = AVC + AFC \tag{4.36}$$

こうした生産費用は，一定の生産設備のもとでの費用と生産量の関係を表している。実際には，生産者は生産効率を向上させるために，生産設備を変更する場合がある。

このため，生産者の費用を短期費用と長期費用に分類して考える[8)]。短期，長期という用語は時間の長さのように思われるがそうではない。固定的な生産要素がある場合は短期という。また，固定的な生産要素がなく，すべてが可変な生産要素になっている場合は長期という。

したがって，生産設備が一定であるような場合は短期，生産設備を小規模，中規模，大規模のように設備そのものを変更可能な場合は長期という。

ここで，2章で紹介した総費用曲線は短期のものであり短期総費用曲線：**STC**（short-run total cost）という。また，長期費用に対応する総費用曲線を長期総費用曲線：**LTC**（long-run total cost）という。長期総費用曲線は，短期総費用曲線をもとに導出することができる。

図4.3に長期総費用曲線と短期総費用曲線の関係を示す。生産設備が小規模なときには（短期総費用曲線をST_1とする），生産量がy_1で費用が最小化される。企業が生産規模を変更して，短期総費用曲線がST_2となった場合には，生産量がy_2のとき費用が最小化される。同様に短期総費用曲線がST_3となった場合には，生産量がy_3のとき費用が最小化される。

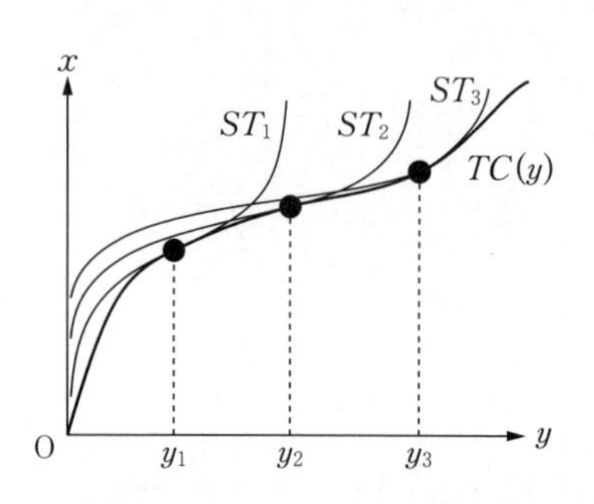

図4.3　長期総費用関数の導出

このように，それぞれの生産規模に対応した費用の最小化される点を結んだ曲線が，長期総費用曲線（LTC）となっている。したがって，長期総費用曲線は短期総費用曲線の包絡線となる。

つぎに，長期平均費用曲線の導出を考える。この場合も，短期平均費用曲線：**SAC**（short-run average cost），長期平均費用曲線：**LAC**（long-run average cost）という。**図4.4**に長期平均費用曲線と短期平均費用曲線の関係を示す。

短期平均費用は，それぞれの生産設備の規模に応じて，何本も描くことが可能である。これに対して，長期平均費用曲線は1本しかなく，短期平均費用曲線（$SAC=AC$）の包絡線になる。

図 4.4 に示すように，長期平均費用曲線（LAC）は，短期平均費用曲線（SAC）の包絡線であって，最低点を結んだものではないことに注意する[8),9)]。

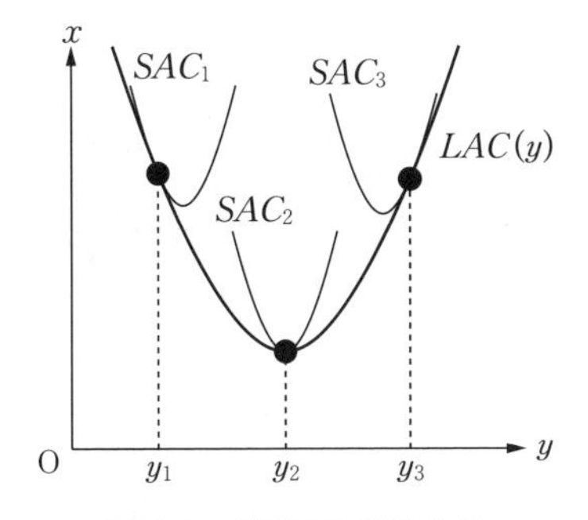

図 4.4　長期平均費用曲線

つぎに，長期限界費用曲線を考える。長期限界費用曲線は限界費用の定義にしたがって，長期総費用（LTC）より算出される。すなわち

$$MC=\frac{d\{TC(y)\}}{dy} \tag{4.37}$$

であるから，長期費用曲線の各点の接線の傾きによって導出される。**図 4.5** に長期限界費用曲線：**LMC**（long-run marginal cost）と短期限界費用曲線：**SMC**（short-run marginal cost）の関係を示す。

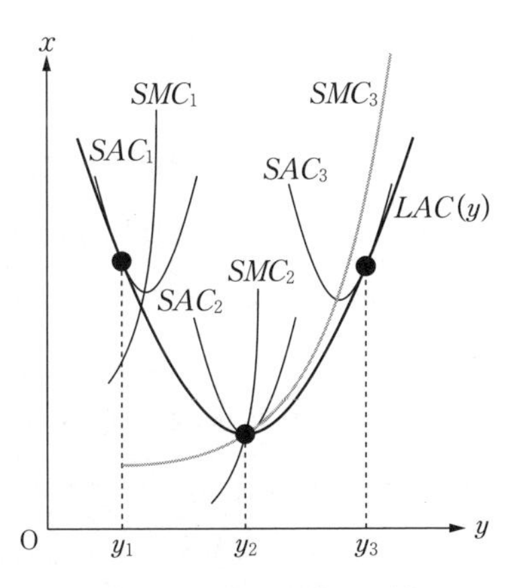

図 4.5　長期限界費用関数

4.2.3　交通サービスの費用逓減

交通サービスの費用を検討する場合，交通サービスの費用逓減が問題となる。費用逓減とは，長期平均費用曲線が右下がりになることである[6),10)]。

交通サービスに関して，D：需要関数，LAC：長期平均費用，LMC：長期限界費用とするとき，**図 4.6** に示すように，交通サービスの長期平均費用曲線（LAC）が右下がりの場合を考える。

この場合，市場均衡点では，価格は限界費用と等しくなっている（供給曲線＝限界費用曲線）。したがって，市場均衡点は点 C となる。

このとき，交通企業の総費用は，平均費用×生産量（交通量）であるから

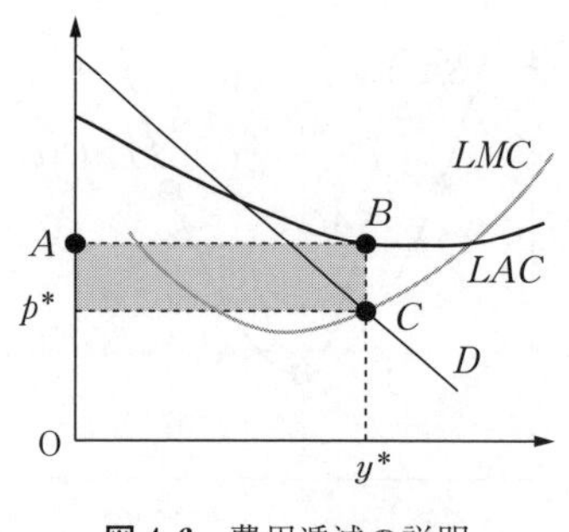

図4.6　費用逓減の説明

$QABq^*$となる。一方で，交通企業の収入は，市場均衡点（点C）での価格（p^*）×生産量（交通量）となるので，Op^*Cy^*となる。

したがって，図のような場合には，$Op^*Cy^* < QABy^*$となっており，赤字が発生していることになる。この結果，交通企業は，市場から撤退する。いわゆる「市場の失敗」となっている。

このように長期平均費用が逓減する場合を，**規模の経済**（economies of scale）が発生しているという。

交通サービスの長期平均費用関数を考えると，$LAC = VC/y + FC/y = AVC + AFC$のうち，固定費用（$FC$）が大きい場合に相当する。

企業は自由な競争が可能なときには，規模の経済が場合に，規模を拡大すると平均費用が低下させることができ，規模の拡大に進むと考えられる。このような競争を**破壊的競争**（destructive competition）と呼び，結果として**自然独占**（natural monopoly）が発生する。

また，固定費用が大きい場合には，基本運賃と従量運賃の組合せとしての二部料金制度の妥当性の検討も可能である。

4.2.4　鉄道の運賃

鉄道の運賃と料金について，**図4.7**に示す近鉄電車の特急「しまかぜ」の場合を見てみる。

この料金表を見ると，上段（　）内は，おとなの普通運賃，中段は特急料金，下段は「しまかぜ特別車両料金」と書いてある。すなわち，この料金表は，運賃と料金という2種類の要素で構成されることがわかる。

ここで，運賃とは交通サービスが提供される対価（交通サービスの価格）であり，料金とは輸送に付帯したサービスへの対価ということになる。

	大阪難波								
大阪難波	—								
大阪上本町	(150) 510 720	大阪上本町							
鶴　橋	(210) 510 720	(150) 510 720	鶴　橋						
大和八木	(620) 510 720	(560) 510 720	(560) 510 720	大和八木					
伊勢市	(1,800) 1,320 820	(1,800) 1,320 820	(1,800) 1,320 820	(1,450) 1,320 820	伊勢市				
宇治山田	(1,800) 1,320 820	(1,800) 1,320 820	(1,800) 1,320 820	(1,450) 1,320 820	(150) 510 720	宇治山田			
鳥　羽	(2,040) 1,610 1,030	(2,040) 1,610 1,030	(1,940) 1,610 1,030	(1,590) 1,320 820	(330) 510 720	(300) 510 720	鳥　羽		
鵜　方	(2,310) 1,610 1,030	(2,310) 1,610 1,030	(2,310) 1,610 1,030	(1,860) 1,320 820	(680) 510 720	(590) 510 720	(430) 510 720	鵜　方	
賢　島	(2,310) 1,610 1,030	(2,310) 1,610 1,030	(2,310) 1,610 1,030	(1,970) 1,610 1,030	(680) 510 720	(650) 510 720	(470) 510 720	(230) 510 720	賢　島

※上段（　）内はおとなの普通運賃，中段は特急料金，
下段はしまかぜ特別車両料金です。
※こどもの運賃・料金はおとなの半額です。
（端数は10円単位に切り上げます。）

図 4.7　鉄道の運賃と料金〔円〕
（http://www.kintetsu.co.jp/senden/shimakaze/ より引用）

また，鉄道ではなく高速道路の場合は，利用料金というが，利用運賃とはいわない。すなわち，運賃も料金もサービスに対する価格であるが，制度上の呼び名が異なるということである。

以下では，実際の鉄道の運賃がどのように決まっており，鉄道運賃の決定方法はどのようになっているのかを考える。

4.2.5　総括原価主義

ここで，鉄道の運賃決定に関して基本的な考え方を述べる。わが国の運賃規制は，「原価の補償」（費用を償うこと）が基本であり，過大な利潤を獲得することは禁止される。これを「ノーロス・ノープロフィット」という[6),7)]。

ただし，利潤の獲得が完全に排除されるわけではなく，適切な原価という場合，「適正な利潤を含む」とされている。このとき，適正な原価と適正な利潤を合計したものを総括原価（フルコスト）という。すなわち

「総括原価」＝「営業費」＋「諸税」＋「適正利潤」　　(4.38)

と表現できる。このように，総括原価に基づく運賃の決定原則を総括原価主義という。

総括原価の算出方法には，〔1〕費用積上げ方式と〔2〕レートベース方式と呼ばれる二つの方式がある。

〔1〕 費用積上げ方式

費用積上げ方式は，E：営業費用（減価償却費を含む），I：他人資本支払利子，π：自己資本利潤の三者を積み上げて総括原価とする方式である[10)]。ここで，P：基本運賃，y：交通サービス産出量とすると次式のように表される。

$$総括原価 = Py = E + I + \pi \tag{4.39}$$

総括原価主義による運賃決定の一つでは，地方公営企業となっているバス，地下鉄，路面電車などは，この方式により運賃が決定されている。こうした運賃や料金が公正妥当であることが求められている（**公正妥当主義**）。

〔2〕 レートベース方式

費用積上げ方式による総括原価の算定は発生する費用と必要利潤をそのまま原価として算定するので，経営効率を向上させる誘因を持たない。そのため，企業の経営上の意思決定にウェイトを置く方式が**レートベース方式**（rate-base system）である。この方式は**公正報酬率原則**（fair rate of return principle）とも呼ばれる。

この方式では，自己資本と他人資本を一本化して，純正資産価値にまとめる。これに公正報酬率を乗じて公正資本報酬とする。さらに営業費を加えて総括原価とするものである。

したがって，V：使用資産価値，D：原価償却費，r：公正報酬率とすると

$$総括原価 = Py = E + (V - D) \cdot r \tag{4.40}$$

と表される。

企業の保有する純正資産価値について一定の報酬を認めるものである。ここで，$(V - D)$ が純正資産価値であり，レートベースと呼ばれる。

すなわち，レートベース方式が費用積上げ方式と異なる点は適正利潤のとらえ方である。

レートベース規制によって，生産される資源の相対的な割合が歪む場合がある。企業にレートベース規制を課すと，レートベースが大きいほど適正利潤学が大きくなるため，理論的に最適なケース（最適資源配分）よりも，資本が過剰に投入される。これをアバーチ・ジョンソン効果という[7),10)]。

4.2.6 インセンティブ規制

総括原価主義に基づく運賃規制の場合には，経営努力が行われない。事業者が効率性を追求すれば，自らも利得を得，しかも消費者もその恩恵に浴するような仕組みを考えたものを「インセンティブ規制」という。ここでは，〔1〕プライスキャップ方式と〔2〕ヤードスティック方式について検討する。

〔1〕 プライスキャップ方式

プライスキャップ（price cap）規制は，運賃・料金の水準に上限を設け，この上限での運賃・料金の変更を自由化するものである。プライスキャップ規制の原理は，総括原価主義のように費用項目を詳細に査定しそれを積み上げることによって料金を規制するのではなく，一定物価水準との比較で上昇率を決定する。この方式の概要を**図 4.8** に示す。

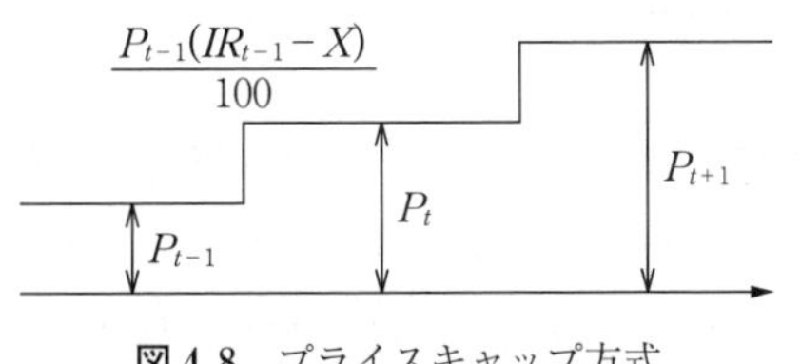

図 4.8 プライスキャップ方式

図に示すように，第 $t-1$ 期の運賃水準に基づいて第 t 期の運賃水準が決定される。これは次式のように表される。

$$P_t = P_{t-1} + \frac{P_{t-1}\left(IR_{t-1} - X\right)}{100} \tag{4.41}$$

ここで，P_t，P_{t-1}：第 t 期および第 $t-1$ 期の運賃水準，IR_{t-1}：第 $t-1$ 期の物価上昇率〔%〕，X：企業の生産性向上率〔%〕である。

プライスキャップ方式では，運賃の上昇率は，物価上昇率以下に抑えられる。第 t 期の運賃が第 $t-1$ 期の運賃に対して，物価上昇率から X パーセントを引いた分 $(IR_{t-1}-X)/100$ だけ上回ることを認めたものである。

〔2〕 ヤードスティック方式

もう一つのインセンティブ規制として，ヤードスティック方式を検討する。この規制は，直接競合関係にない事業者の間で，比較の基準となる指標（yardstick）を設け，その指標を用いて経営を間接的に評価するものである。すなわち，当該企業の費用を直接的に運賃決定に関与させないという方式である。

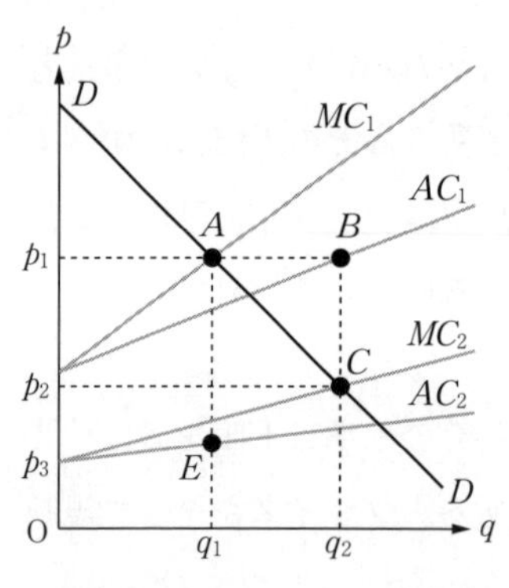

図 4.9　ヤードスティック方式

ヤードスティック方式の導入は，決定プロセスの透明化という点で大きく前進した。ここで簡単な例を**図 4.9** に示す[6]。

企業 1 と企業 2 の 2 社があるとする。それぞれの地域で，まったく同様の需要曲線 D に各企業が直面しているとする。

企業 1 はそれほど経営努力をしていないので高コスト構造である（限界費用関数：MC_1）。企業 2 はかなりの経営努力をしたため低コスト構造である（限界費用関数：MC_2）とする。

このとき，規制当局はヤードスティック方式に基づいて運賃規制をする。すなわち，企業 1 には企業 2 の費用曲線に基づいて p_2 を認可する。一方で，企業 2 には企業 1 の費用曲線に基づいて p_1 を認可する。

企業 1 にとっては，規制により p_2 の運賃しか利用客に課すことができないので，需要量は q_2 となる。このとき，企業 1 の生産費用を算定する。限界費用の総和が総生産費用となり，これは，平均費用×生産量 に等しい。すなわち

$$\int_o^q MC(w)dw = AC(q)q \tag{4.42}$$

であるから総生産費用 Op_1Bq_2 である。一方で，運賃は p_2 と設定されていることから，収入は Op_2Cq_2 となる。

したがって，収入から費用を差し引いた p_1BCp_2 分の**赤字**が発生する。

この状況下では，企業 1 は赤字解消のために費用削減努力をせざるを得な

い。

一方で，規制当局は，企業2には企業1の費用曲線に基づいて p_1 を認可する。このとき，企業2にとっては，p_1 の運賃を認められるので，需要量は q_1 となる。同様にして総収入 Op_1Aq_1 に対して総費用 Op_2Eq_1 となるので，p_1AEp_2 の**利潤**が生じる。すなわち，企業2はいっそうの利潤獲得のための努力をする（インセンティブを与える）。

4.3　道路交通の数理モデル

ここでは，道路交通現象を分析するための数理モデルを検討する。道路交通に関する費用を「時間費用」で考える。このとき，道路利用者は交通サービスの消費者（道路を通行する）である。一方で，道路利用者は交通サービスの生産者（交通費用を支払う）でもある。すなわち，道路利用者に対して，利用者均衡状態が規定され，① 消費者余剰，② 生産者余剰を算定することができる。

4.3.1　リンクパフォーマンス関数

道路ネットワークをリンク（link：道路区間）とノード（node：交差点）で構成されるとする。このうち道路区間（リンク）は，**図4.10**に示すように交差点と交差点の間の一様な道路であり，その構造は多様である。

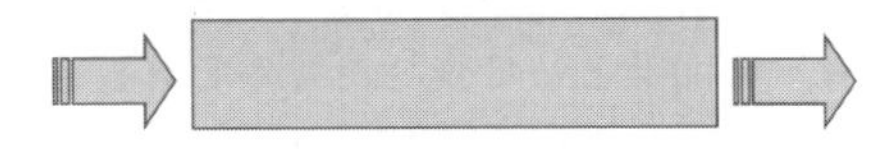

図4.10　道路区間（リンク）の設定

それぞれの道路区間の道路交通特性を規定する関数を**リンクパフォーマンス関数**（link performance function）という。具体的には，ある道路区間を通過する交通量が増加すると時間が増加する関係を表現する「連続な単調増加関数」である。したがって，リンクパフォーマンス関数は，走行時間関数，リンクコスト関数とも呼ばれる。

リンクパフォーマンス関数を単調増加な関数で定義するには，例えば増加関数として線形関数を用いると，$t_a(x_a)=\beta_0+\beta_1 x_a$ と書くことができる。

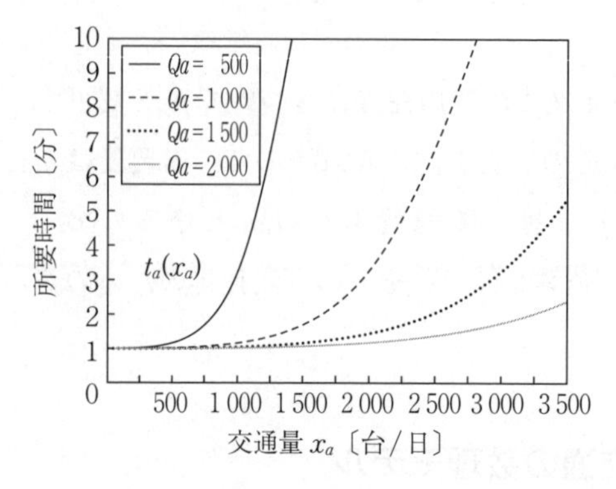

図 4.11 リンクパフォーマンス関数（BPR 関数）

実用的なリンクパフォーマンス関数として，**図 4.11** に示すような **BPR**（Bureau of public road）関数がよく用いられる。

この関数は，わが国の国土交通省交通量配分マニュアルにおいても採用されており，以下のような形式をしている[11)]。

$$t_a(x_a)=t_a(0)\left\{1+\alpha\left(\frac{x_a}{Q_a}\right)^\beta\right\} \tag{4.43}$$

ここで，x_a：リンク a の交通量〔台/日〕，$t_a(0)$：ゼロフロー時の所要時間〔分〕，Q_a：交通容量である。

なお，ここではパフォーマンス関数を道路交通サービスの生産費用関数（単位：時間）と考える。リンク（道路区間）ごとに道路構造は異なるから，ネットワークのすべての道路区間（リンク）にそれぞれリンクコスト関数（パフォーマンス関数）が定義されることになる。したがって，リンクパフォーマンス関数は，交通サービスの生産費用（平均交通費用）を生産量（通過交通量）の関数として表したものであると考えられる。

4.3.2 道路ネットワークの記述

図 4.12 に示す道路ネットワークを考える。先に述べたように，道路ネットワークは，リンク（道路区間）とノード（交差点）で構成される。このうち，ノードは，交差点に相当する**中間ノード**（intermediate node）と，交通量の発生集中点（起終点）に対応する**セントロイド**（centroid）に区別できる。

図のネットワークの場合，セントロイドは，ノード①と④で，中間ノードは，ノード②と③である。したがって，この道路ネットワークの**起終点交通**

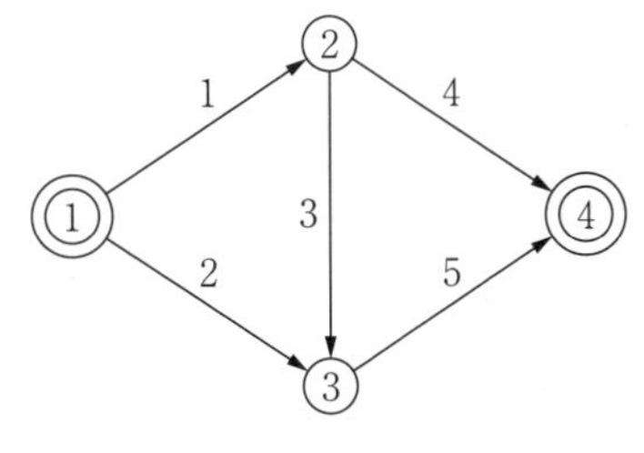

図 4.12　ノードとリンク

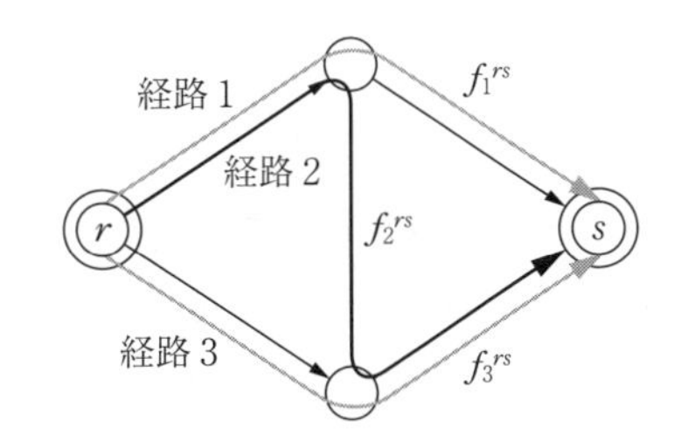

図 4.13　経路交通量

量（**OD 交通量**（origin-destination traffic））は，①→④の移動交通量に対応している。

さらに，OD 交通量 q_{rs} が $r \to s$ を移動するときの経路を**図 4.13** に示す。すなわち，ノード $r \to s$ の移動交通量は，3 経路のいずれかを通過する。

すなわち**経路**（path）とは，OD 間のリンクの連なりである。例えば，図 4.12 の①→④の移動に対する経路 1：リンク 1・リンク 4，経路 2：リンク 1・リンク 3・リンク 5，経路 3：リンク 2・リンク 5 に対応している。さらに，f_k^{rs}：$r \to s$ 間の k 番目の経路交通量とすると，$q_{rs}=f_1^{rs}+f_2^{rs}+f_3^{rs}$ が成立する。

4.3.3　利 用 者 均 衡

道路ネットワークにおける交通は経路上の移動である。消費者としての道路利用者は合理的な経路選択行動を行う。この場合に成立する交通状態を**利用者均衡**（user equilibrium，**UE**）という。ここでは，**図 4.14** に示す簡単な例を用いて利用者均衡を検討する。この場合，OD 交通量は $r \to s$ の 1 種類であり，これを q_{rs}〔台/日〕とする。

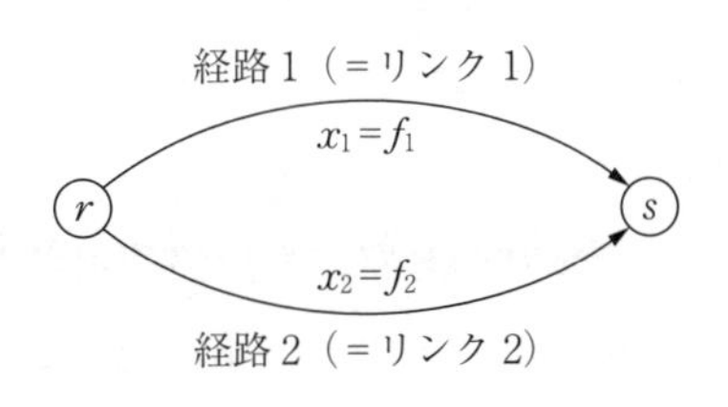

図 4.14　道路ネットワーク

また簡単のために，この道路ネットワークでは，各経路が一つのリンク（道路区間）で構成されるとしているので，経路交通量とリンク交通量が等しいという関係がある。すなわち，この例では $x_1=f_1^{rs}$，$x_2=f_2^{rs}$ である（4.3.2 項で示したように，一般には経路は複数のリンクで構成される)。

したがって，道路利用交通量 q_{rs} は，経路１あるいは経路２のいずれかを走行するため，交通量保存条件：$x_1+x_2=q_{rs}$ はつねに成立している。

このとき，道路利用者に対して，消費者行動理論（2章）と同様の仮説をおく。すなわち，[仮説 1]：利用者はつねに最短経路を選択する（合理的行動），[仮説 2]：利用者は経路に関する完全な情報を得ている（完全情報市場）が成立しているとする。これは，道路利用者の消費者行動として，交通サービス（経路上の交通）に対して，効用最大化行動を行うというものである。

これらの仮説が成立すると，消費者の効用最大化行動として，「すべてのドライバーは最短経路を選択する」ことになる。

さて，各経路の交通費用は，本例の場合には対応するリンクの交通費用（時間）で算定される。リンクパフォーマンス関数をそれぞれ，$t_1(x_1)$, $t_2(x_2)$ とするとき，各経路上の道路利用者に対して，以下の条件が成立している。

$$\text{経路 1 の利用者：} t_1(x_1) \leqq t_2(x_2), \quad \text{if} \quad x_1>0 \tag{4.44}$$

$$\text{経路 2 の利用者：} t_2(x_2) \leqq t_1(x_1), \quad \text{if} \quad x_2>0 \tag{4.45}$$

例えば，「経路１の利用者」に関する条件では，$x_1>0$（経路１の利用交通量がある）のとき，$t_1(x_1) \leqq t_2(x_2)$（経路１の所要時間は，経路２の所要時間より小さいか等しい）が成立している。同様に「経路２の利用者」に対して，$x_2>0$（経路２の利用交通量がある）であるときには，$t_2(x_2) \leqq t_1(x_1)$ が成立している。

いずれの経路にも道路利用者がある場合（$x_1>0$ かつ $x_2>0$）を考える。この場合，両方の条件を満たすことから，$t_1(x_1) \leqq t_2(x_2)$, and $t_1(x_1) \geqq t_2(x_2)$ である。すなわち，$t_1(x_1)=t_2(x_2)$ ということから，$t_1(f_1^{rs})=t_2(f_2^{rs})$ となり，利用されている経路の所要時間が一致することになる。

これらの議論をまとめると，利用者均衡状態（UE）はつぎのように整理できる。

【利用者均衡】　完全情報下で利用者が最適経路を選択するとき，当該交通が利用する各経路の所要時間が等しく，それらは利用されない経路の所要時間より小さいか，せいぜい等しい。

これを**Wardropの第1原則**（または**等時間原則**）という。利用者均衡状態は，OD間の経路所要時間に関する条件であることに注意を要する。また，OD間の経路を，利用される経路（$f_k^{rs}>0$）と，利用されない経路（$f_k^{rs}=0$）に分けて考えていることにも注意を要する。

4.3.4　数値計算例

ここでは，先の道路ネットワーク（2経路問題）に具体的な数値を与えて，利用者均衡を考えよう（**図4.15**）[12]。

具体的には，リンクパフォーマンス関数がそれぞれ定義されており，$t_1(x_1)=2+x_1$，$t_2(x_2)=1+2x_2$ である。

また，r-s 間のOD交通量は $q=5$（固定需要）となっている。

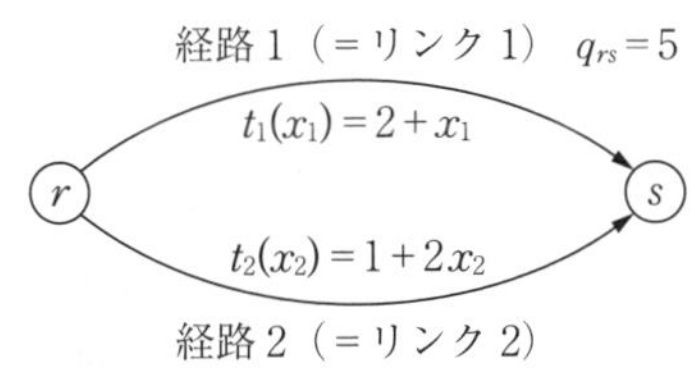

図4.15　数値計算例

したがって，OD交通量の保存条件より，$x_1+x_2=5$ が得られる。

この場合のUE（利用者均衡）は，つぎのように比較的簡単に求められる。経路1の所要時間と経路2の所要時間が等しいという条件から

$$2+x_1=1+2x_2$$

また，$x_1+x_2=5$ である。

$$\therefore\ x_1^*=3,\ x_2^*=2$$

これが利用者均衡時の各リンク交通量である。また，このとき

$$t_1=t_2=5 \tag{4.46}$$

となり，経路1の所要時間が経路2の所要時間と等しくなっていることがわかる。

4.3.5　利用者均衡条件

このように，利用者均衡状態に関して，経路交通量・経路所要時間による定式化はつぎのように示される。

$$f_k^{rs}>0 \text{ のとき：} c_k^{rs}=c_{rs}, \quad \forall k\in K_{rs}, \quad \forall rs\in\Omega \text{（利用経路）} \tag{4.47}$$

$$f_k^{rs}=0 \text{ のとき：} c_k^{rs}\geqq c_{rs}, \quad \forall k\in K_{rs}, \quad \forall rs\in\Omega \text{（非利用経路）} \tag{4.48}$$

s.t.

$$\sum_{k\in K_{rs}} f_k^{rs}-Q_{rs}=0, \quad \forall rs\in\Omega \text{（交通量保存条件）} \tag{4.49}$$

$$f_k^{rs}\geqq 0, \quad \forall k\in K_{rs}, \quad \forall rs\in\Omega \text{（非負条件）} \tag{4.50}$$

ここで，Ω：OD ペア集合，K_{rs}：OD ペア r–s 間の経路集合，f_k^{rs}：OD ペア r–s 間の第 k 経路の経路交通量，c_k^{rs}：OD ペア r–s 間の第 k 経路の経路所要時間，c_{rs}：OD ペア r–s 間の最短経路所要時間，Q_{rs}：OD ペア r–s 間の分布交通量である。

すなわち，利用者均衡状態は，OD 間の利用可能経路に関して式 (4.47) ～ (4.50) で示される非線形連立方程式を解けばよいことになる。

ところで，利用者均衡条件を満たすケース（経路交通量の組合せ）はいくつあるのだろうか。**図 4.16**（図 4.13 と同じ）のネットワークを考えよう。

OD ペア r–s には 3 経路が存在する。したがって，図に示すように，利用経路（$f_k^{rs}>0$）が何経路あるかで，利用者均衡パターンが異なる。

ケース 1 は利用経路が 3 経路の場合で，全経路の所要時間が等しくなる場合である。ケース 2 は，利用経路が 2 経路ある場合で，3 通りのパターンが存在する。また

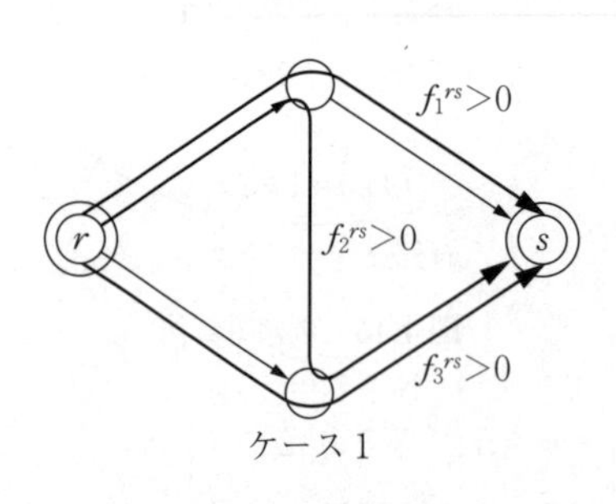

ケース 1

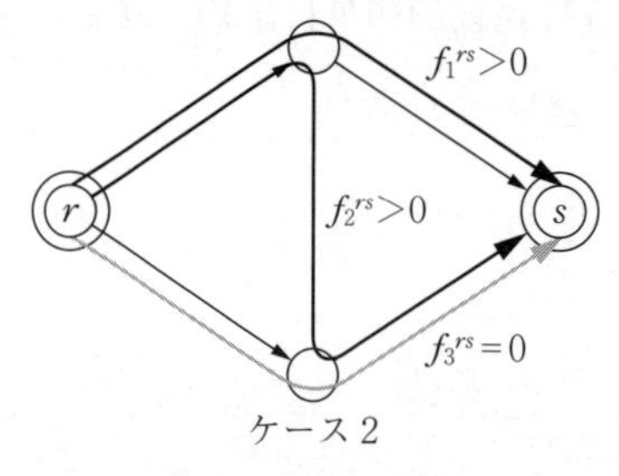

ケース 2

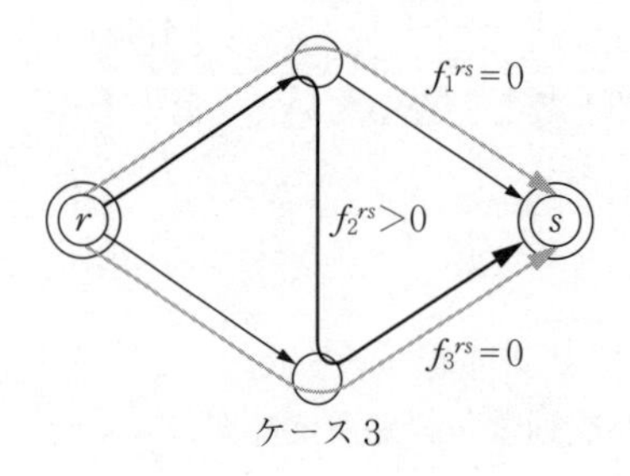

ケース 3

図 4.16　利用者均衡状態

ケース3は，利用経路が1経路の場合で，3通りのパターンが存在する。すなわち，利用者均衡状態の場合は全部で7通りある。

同様にして，OD間に利用可能経路が n 経路存在する場合には，2^n-1 通りのパターンが考えられる。

しかしながら，大規模な道路ネットワークを対象として，OD間の経路を特定することは困難であり，実用的には別の計算方法が必要である。

4.3.6 等価な数理計画問題

4.3.5項では，利用者均衡問題が，経路交通量を変数とした非線形連立方程式で定式化できることを示した。実用的な利用者均衡問題の計算を行うために，リンク交通量を変数とした目的関数による定式化が提案されている。これを**等価な数理計画問題**（equivalent mathematical programming）という[11),13)]。

【等価な数理計画問題】

$$\min Z_U = \sum_{a \in A} \int_0^{x_a} t_a(w)dw \tag{4.51}$$

$$\sum_{k \in K_{rs}} f_k^{rs} - Q_{rs} = 0, \qquad \forall rs \in \Omega \tag{4.52}$$

$$x_a = \sum_{k \in K_{rs}} \sum_{rs \in \Omega} \delta_{a,k}^{rs} f_k^{rs}, \qquad \forall a \in A \tag{4.53}$$

$$f_k^{rs} \geqq 0, \qquad x_a \geqq 0 \tag{4.54}$$

ここで，f_k^{rs}：ODペア r–s 間の第 k 経路の経路交通量，x_a：リンク a のリンク交通量，$t_a(x_a)$：リンク a のリンクパフォーマンス関数，Q_{rs}：ODペア r–s 間の分布交通量である。

経路交通量を変数とする非線形連立方程式のかわりにリンク（道路区間）交通量を変数とする数理計画問題を解くことになる。したがって，図4.15の問題に対応する目的関数は

$$Z_U = \sum_{a \in A} \int_0^{x_a} t_a(w)dw$$

$$= \int_0^{x_1}(2+w)dw + \int_0^{x_2}(1+2w)dw = \int_0^{x_1}(2+w)dw + \int_0^{5-x_1}(1+2w)dw$$

$$= \left[2w + \frac{1}{2}w^2\right]_0^{x_1} + \left[w + w^2\right]_0^{5-x_1} = 2x_1 + \frac{1}{2}x_1^{\,2} + (5-x_1) + (5-x_1)^2$$

$$= \frac{3}{2}x_1^{\,2} - 9x_1 + 30 \tag{4.55}$$

と表せる。この目的関数を最小化すると，$dz_U/dx_1 = 3x_1 - 9 = 0$ より

$$x_1^{\,*} = 3$$

$$x_2^{\,*} = 5 - x_1^{\,*} = 2 \quad \text{すなわち，} (x_1^{\,*}, x_2^{\,*}) = (3, 2) \tag{4.56}$$

となる。このとき，$t_1 = t_2 = 5$ となり，連立方程式によって求めた解と一致している（式 (4.46) 参照）。

4.3.7　需要変動型の利用者均衡

ここまでの議論では，OD 交通量を一定値とした（需要固定型利用者均衡），実際には道路交通需要は変動する。そこで，需要関数（価格に対して交通需要を求める関数）を定義する。すなわち，OD 間の所要時間（時間費用）の変化に応じて，OD 交通量（需要量）が変化する**需要変動**（variable demand）を考える。このときの道路交通状態を需要変動型利用者均衡という。

OD ペア r–s 間の需要関数：$D_{rs}(c_{rs})$ を OD ペアの最小費用（時間費用）：c_{rs} の関数で定義する。

$$q_{rs} = D_{rs}(c_{rs}) \quad \forall r, s \tag{4.57}$$

ここで，c_{rs}：OD ペア r–s 間の最小費用（時間費用）である。

また，下記のように OD 間の交通量と価格との関係を示す需要関数の逆関数（逆需要関数）を求めることができる。

$$c_{rs} = D_{rs}^{\ -1}(q_{rs}) \quad (q_{rs} \geqq 0) \tag{4.58}$$

なお，経路 k の交通費用は，リンク（道路区間）別の交通費用の合計であるから

$$c_k^{rs} = \sum_{a \in A} \delta_{a,k}^{rs} t_a(x_a) \tag{4.59}$$

が成立する。ここで，すでに定義したように，リンク交通量に対する費用関数はパフォーマンス関数のことである。

これらの関係を示したものが，**図 4.17** である。

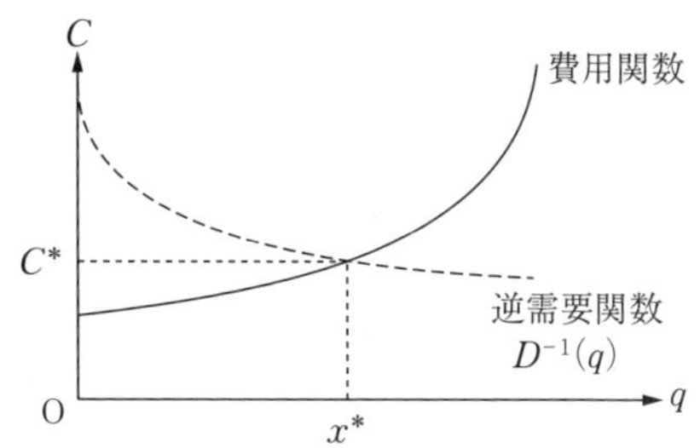

図 4.17　需要変動型の利用者均衡

さて，需要変動する場合の利用者均衡はどのようになるであろうか。

需要変動をする場合においても，4.3.3 項で示した Wardrop の第 1 原則「利用される経路の旅行時間はみな等しく，利用されない経路の旅行時間よりも小さいか，せいぜい等しい」が成立する。したがって，需要変動する場合の利用者均衡状態はつぎのように示される。

$$f_k^{rs} > 0 \text{ のとき}：c_k^{rs} = c_{rs}, \quad \forall k \in K_{rs}, \quad \forall rs \in \Omega \quad (\text{利用経路}) \tag{4.60}$$

$$f_k^{rs} = 0 \text{ のとき}：c_k^{rs} \geqq c_{rs}, \quad \forall k \in K_{rs}, \quad \forall rs \in \Omega \quad (\text{非利用経路}) \tag{4.61}$$

$$q_{rs} = D(c_{rs}), \quad \forall rs \in \Omega \quad (\text{変動型需要}) \tag{4.62}$$

ここで，c_{rs}：OD 間の最短経路上の交通費用である。

すなわち，固定需要の利用者均衡条件（(4.47)，(4.48)）に $q_{rs} = D(c_{rs})$，$\forall rs \in \Omega$（第 3 式）を追加したものと考えられる。

4.3.8　数値計算例（需要変動型利用者均衡）

ここで，需要変動型利用者均衡配分を考える。道路ネットワークの形状は，**図 4.18** に示すように，需要固定型利用者均衡（図 4.15）と同様であり，リンクパフォーマンスも $t_1(x_1) = 2 + x_1$，$t_2(x_2) = 1 + 2x_2$（図 4.15 参照）であるとする。

ここで，OD 間の逆需要関数は，$D^{-1}(q) = 10 - q$ である。具体的には，**図 4.19** に示すとおりである。

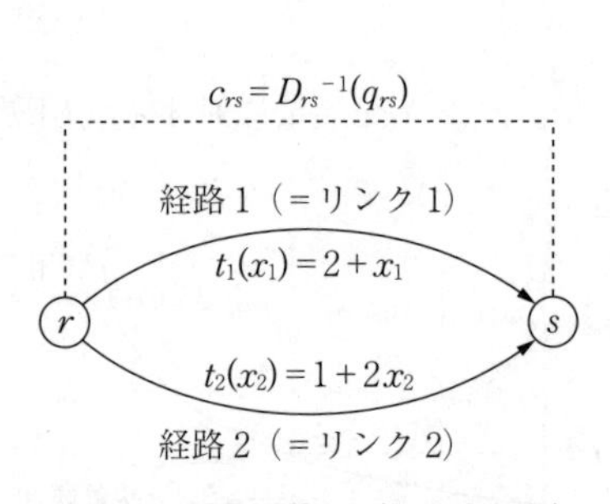

図4.18　数値計算例（需要変動型）

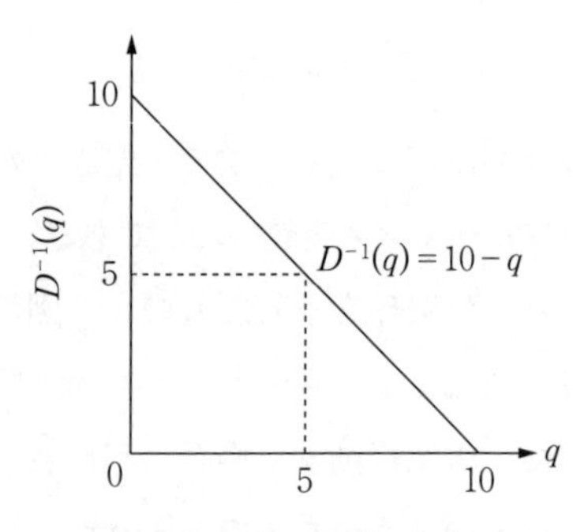

図4.19　需要関数の設定

したがって，利用者均衡状態においては，以下の関係式が成立する。

$$t_1(x_1)=2+x_1 \quad \text{（リンク 1）} \tag{4.63}$$

$$t_2(x_2)=1+2x_2 \quad \text{（リンク 2）} \tag{4.64}$$

$$x_1+x_2=q \quad \text{（交通量保存）} \tag{4.65}$$

$$p=D^{-1}(q)=10-q \quad \text{（需給均衡価格）} \tag{4.66}$$

利用者均衡状態（等時間原則）が成立するためには，経路1と経路2の所要時間が等しい。したがって

$$2+x_1=1+2x_2$$

$$=1+2(q-x_1)$$

$$\therefore \quad 3x_1=2q-1$$

となる。すなわち

$$x_1=\frac{2q-1}{3}, \quad x_2=\frac{q+1}{3} \tag{4.67}$$

が利用者均衡解である。

したがって，$t_1(x_1)=t_2(x_2)=(2q+5)/3$（利用者均衡のときの均衡価格）が得られる。この値を $p=(2q+5)/3$ とする。

逆需要関数：$p=10-q$ から，利用者均衡時のOD交通量を算定することができる。すなわち，需要価格と生産価格が等しいことから，$(2q+5)/3=10-q$ より，$q=5$ が得られる。すなわち $t_1(x_1)=t_2(x_2)=5$ である。これより需要変動型利用者均衡の解は $(x_1{}^*, x_2{}^*, q^*)=(3, 2, 5)$ となる。

【等価な数理計画問題】 これまでの議論から，固定型利用者均衡配分の場合と同様に，等価な数理計画問題の目的関数をつぎのように定義する。すなわち

$$\min z(x, q) = \sum_{a \in A} \int_0^{x_a} t_a(w) dw - \sum_{rs} \int_0^{q_{rs}} D_{rs}{}^{-1}(w) dw \tag{4.68}$$

となる。この定式化のうち，左項は需要固定型利用者均衡の目的関数と同じ関数であり，リンク（道路区間）の数と同じ数の項が必要である。一方で，右項は需要変化に関する目的関数（逆需要関数の積分項）であり，OD ペア数と同数の項が必要である。

図 4.18 の問題では，リンク数が 2 で，OD ペア数が 1 であるため，以下のように定式化できる。

$$z(x_1, x_2, q) = \int_0^{x_1} t_1(w) dw + \int_0^{x_2} t_2(w) dw - \int_0^{q} D^{-1}(w) dw \tag{4.69}$$

それぞれリンクパフォーマンス関数 (4.63)，(4.64) と逆需要関数 (4.66) を用いると，以下のように定式化される。

$$z(x_1, x_2, q) = \int_0^{x_1} (2 + w) dw + \int_0^{x_2} (1 + 2w) dw - \int_0^{q} (10 - w) dw \tag{4.70}$$

交通量保存条件：$x_1 + x_2 = q$ を用いて，$(x_1{}^*, x_2{}^*, q^*)$ を求めることができる（演習問題【10】（エクセル演習）参照）。

固定需要の場合と同様に，現実規模のネットワークでは，式 (4.63) ～ (4.66) の連立方程式を解く方法は，大規模な問題には適していない。このため等価な数理計画問題を用いる必要がある。

4.4 道路交通の経済分析

道路交通に関する経済分析を行う。この際には，4.3 節で作成した道路交通に関する数理計画モデルを用いることができる。特に，利用者均衡に関する数理モデルを用いて，混雑料金理論の解析方法について述べる。

4.4.1　社会的限界費用

道路交通においては，道路交通混雑が外部性の重要な項目になっている。このため，**混雑料金**（congestion charging）の考え方が重要である[14]。

ここでは，**図 4.20** のような道路区間を対象とする。道路ネットワークにおける特定のリンクに対応している。

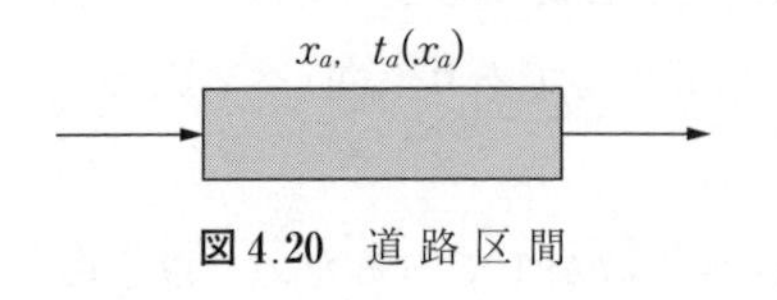

図 4.20　道 路 区 間

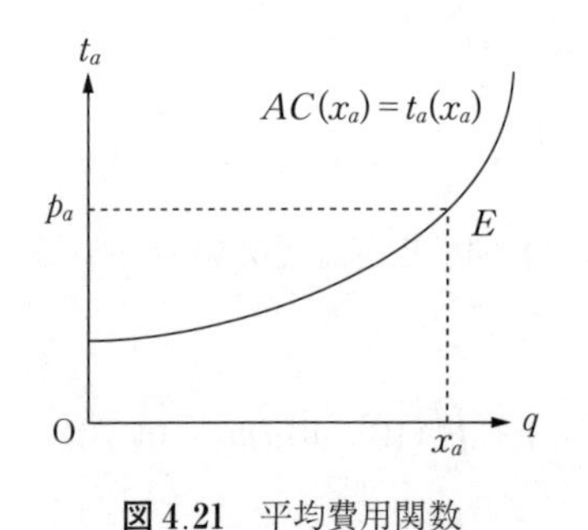

図 4.21　平均費用関数

4.3 節で述べたリンクパフォーマンス関数は，交通サービスの生産費用関数（時間費用）と考えることができる。すなわち，パフォーマンス関数は，リンク（道路区間）に対して交通サービスの生産費用（平均交通費用）を生産量（通過交通量）に対する関数として表したものと考えられる。

平均費用（average cost；私的費用）は，$AC(x_a)=t_a(x_a)$ と表現できる。リンクパフォーマンス関数は単調増加関数であるから，平均費用関数は**図 4.21** のように描くことができる。この図はリンクごとに描かれることに注意しよう。

したがって，この道路区間（リンク）の**総生産費用**（total cost）は，通過交通量（全車両）の所要時間の合計として表現できる。すなわち

$$TC(x_a)=x_a \cdot t_a(x_a) \tag{4.71}$$

となり，総走行時間と呼ばれることもある。

また，交通量 1 台の増加に対する総交通費用（社会的費用）の変化分を**社会的限界費用**（social marginal cost，**SMC**）という。SMC は，総交通費用の微分で表現できる。すなわち

$$SMC(x_a)=\frac{dTC(x_a)}{dx_a}=\frac{d\{x_a \cdot t_a(x_a)\}}{dx_a}=t_a(x_a)+x_a \cdot \frac{dt_a(x_a)}{dx_a} \tag{4.72}$$

となる。この式より，社会的限界費用＝平均費用＋混雑費用の関係がわかる。この関係を図示したものが，**図 4.22** である。この関係によれば，社会的限界

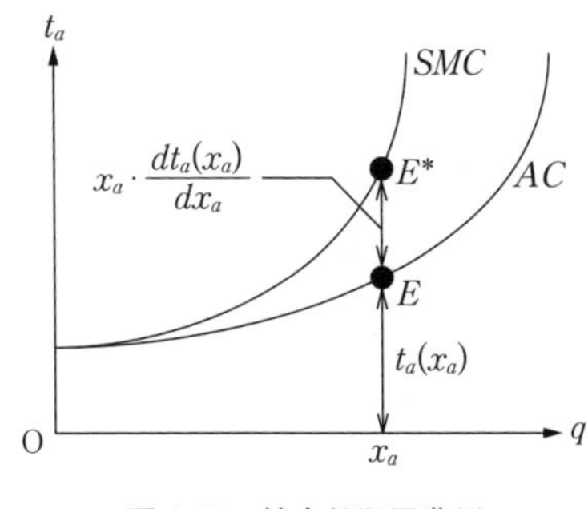

図 4.22 社会的限界費用

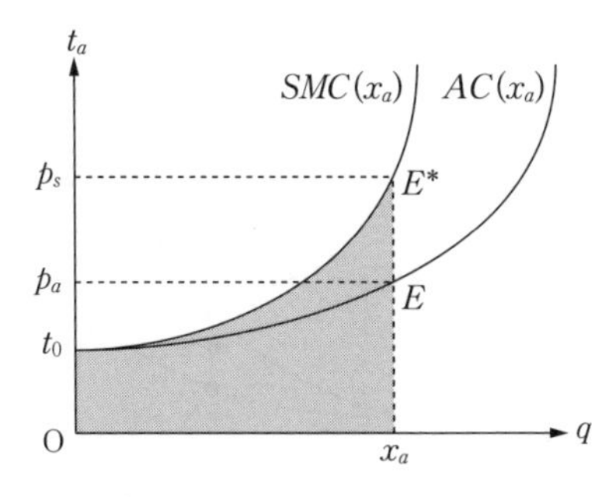

図 4.23 総交通費用の算定

費用曲線は必ず平均費用曲線の上にくることがわかる。

つぎに，総費用関数の変化率（微分係数）が社会的限界費用（定義）であることから，**図 4.23** のように，限界交通費用の下部の部分を積分すると総交通費用が得られる。一方で，総交通費用は平均交通費用×交通量と表現することができる。すなわち

$$TC\left(x_a\right)=\int_0^{x_a} SMC\left(w_a\right)dw=x_a \cdot t_a\left(x_a\right) \tag{4.73}$$

となる。図中の積分面積が，平均費用に対応する長方形の面積と等しい（$Ot_0E^*x_a=Op_aEx_a$）。

4.4.2 混雑料金の理論

道路区間に対する平均可変費用（AVC），社会的限界費用（SMC）に関する議論を行った。社会的限界費用は，平均費用（私的費用）に混雑費用（他の利用者の遅れ時間）を加えたものである。したがって，社会的に望ましい価格は，社会的限界費用に等しい価格である。ここでは，単一の道路区間（リンク）を対象とした**図 4.24** によって考えてみよう。利用者均衡で見たように，完全情報であるとき利用者は，平均費用（AC）に基づいて意思決定を行う。すなわち，交通市場に任せた場合には，需要曲線と平均費用の交差する点 E に対応した交通量 Q_E が実現する。

しかしながら，この点は平均費用 $AC(x_a)=t_a(x_a)$ と社会的限界費用 SMC

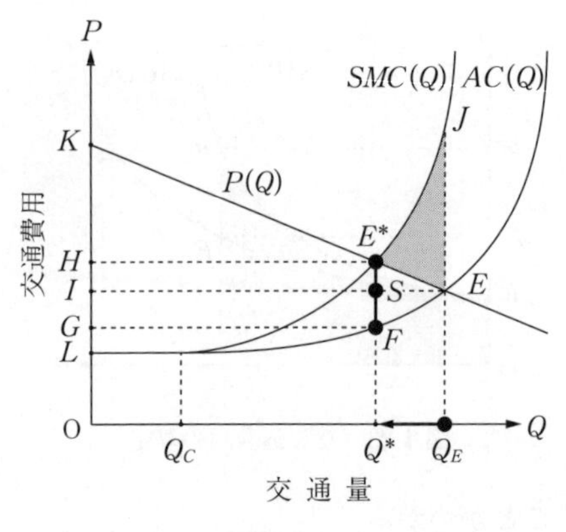

図 4.24　混雑料金のメカニズム

(Q) が乖離しており，社会的には過大の交通量となっている（社会的不効率の状態）。

ここで，**消費者余剰**（consumer's surplus）と**生産者余剰**（producer's surplus）は，2 章の定義のとおりである。すなわち，社会的純便益＝消費者余剰＋生産者余剰であるから，社会的便益は

$$EB=\int_0^{x_a} D^{-1}(w)dw-\int_0^{x_a} SMC(w)dw=\int_0^{x_a} D^{-1}(w)dw-x_a\cdot t_a\left(x_a\right) \tag{4.74}$$

のように表すことができる。すなわち，市場均衡（点 E）では，EB の値はマイナスとなり，社会的な損失が E^*EJ だけ発生している。この損失を**死重損失**（dead weight loss）という。

最適課金を求める場合には，外部不経済（混雑費用）に対するピグー税を課金すればよい（**限界費用価格形成**）。したがって，混雑料金は E^*F に相当する値となる。このとき道路交通量は，$Q_E \Rightarrow Q^*$ のように減少する。

混雑料金は，ピグー税としての課金によって，社会的最適点（E^*）を実現しようとするものである。社会的最適点（E^*）は料金以外の方法（例えば，交通規制・交通制御）によっても実現できる。この場合は，利用者均衡状態に対応して**システム最適状態**（system optimization，**SO**）という。

4.4.3　混雑料金の社会的便益

道路交通に対して限界費用価格形成を目指した混雑料金について，社会的余剰の視点から，社会的便益を算定する。具体的には，**図 4.25** で説明する。

すでに示したように混雑料金の課金によって，交通均衡点は点 E から E* へ

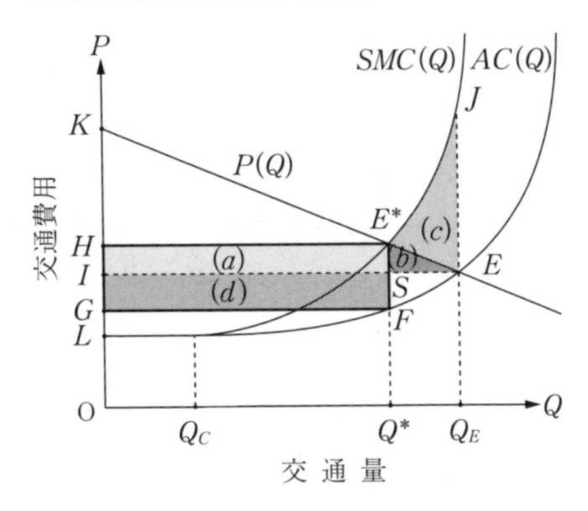

図 4.25　交通量-交通費用平面における混雑料金

移動する。このとき，消費者余剰は減少する。すなわち，消費者余剰は△KEI－△KE*H ⇒ $(a)+(b)$ だけ減少する。また，道路管理者は，混雑料金収入を得る。これは混雑両金額 E*F が交通量 Q* の分だけ得られるため，□HE*FG ⇒ $(a)+(d)$ となる。さらに，道路利用者の総交通費用の減少分（△TC）は，2 種類の計算方法がある。① *SMC* の下部面積で算出すると $(b)+(c)+$□SEQ$_E$Q*，② □の面積変化で計算すると□IEQ$_E$O－□GFQ*O＝$(d)+$□SEQ$_E$Q* となる。ここで，①＝②であるから，けっきょく $(d)=(b)+(c)$ となる。

これらをまとめると，それぞれの経済主体に対する便益（余剰）は，道路利用者：$(a)+(b)$（マイナス），道路管理者：$(a)+(b)+(c)$，社会的便益：(c)（死重損失の解消）となる。またさらに，道路利用者の時間短縮便益：(d) が算定される。

4.4.4 需要変動型システム最適配分

利用者均衡状態に対して，社会的限界費用による均衡状態であるシステム最適状態を考える。この場合は，**需要変動型システム最適配分**を実行することになる。

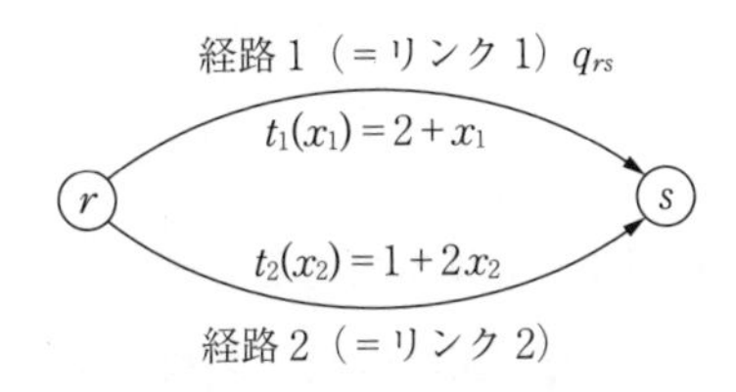

図 4.26　システム最適配分

需要変動型利用者均衡配分の場合と同じ**図 4.26** に示す道路ネットワークを考える[14)]。

したがって，OD 交通量は $q_{rs}=x_1+x_2$ で，逆需要関数は $D^{-1}(q_{rs})=10-q_{rs}$，リンクパフォーマンス関数は $t_1(x_1)=2+x_1$，

$t_2(x_2)=1+2x_2$ である。

このとき，総交通費用（社会的総費用：SC）は

$$TC(x_a)=x_a\cdot t_a(x_a)=x_1t_1+x_2t_2=x_1(2+x_1)+x_2(1+2x_2) \tag{4.75}$$

であるから，各経路について，社会的限界交通費用（SMC）を算定できる。すなわち，以下のようになる。

$$\frac{d\left\{x_1t_1\left(x_1\right)\right\}}{dx_1}=t_1\left(x_1\right)+\frac{dt_1\left(x_1\right)}{dx_1}x_1=\left(2+x_1\right)+x_1=2+2x_1 \tag{4.76}$$

$$\frac{d\left\{x_2t_2\left(x_2\right)\right\}}{dx_2}=t_2\left(x_2\right)+\frac{dt_2\left(x_2\right)}{dx_2}x_2=\left(1+2x_2\right)+2x_2=1+4x_2 \tag{4.77}$$

システム最適点では，社会的限界費用が等しいことから

$$\begin{cases} SMC_1(x_1)=SMC_2(x_2) \\ 2+2x_1=1+4x_2=1+4(q_{rs}-x_1) \end{cases} \tag{4.78}$$

より

$$x_1=\frac{4q_{rs}-1}{6},\qquad x_2=\frac{2q_{rs}+1}{6} \tag{4.79}$$

となり，このときの価格は，限界交通費用の値となっているはずであり

$$p_1=2+2x_1=\frac{4q_{rs}+5}{3},\qquad p_2=1+4x_2=\frac{4q_{rs}+5}{3} \tag{4.80}$$

であるから，$p_1=p_2$ である。

さらに，需要関数 $p=10-q_{rs}$ を用いると，$q_{rs}=25/7$ が得られる。したがって，このときの社会的限界費用の値は，$p_1=p_2=(4q_{rs}+5)/3=45/7$ となる。

【等価な数理計画問題】　需要固定型のシステム最適配分（総走行時間最小化配分）と同様に需要変動型システム最適配分に関する等価な数理計画を定義できる。

$$\min z_S=\sum_{a\in A}x_at_a\left(x_a\right)-\int_0^q D^{-1}(w)dw \tag{4.81}$$

ここで，目的関数の左項は総走行時間（総交通費用）の関数である。また，右項は逆需要関数の積分項となっている。したがって，左項はリンク数と同

数，右項はODペア数と同数設定される。

この目的関数は，すでに定義した社会的便益の符号を逆にしたものであり，社会的便益の最大化と等価であることがわかる。

【社会的便益の最大化】

$$\max\ z_{EB} = \int_0^q D^{-1}(w)dw - \sum_{a \in A} x_a t_a(x_a) \tag{4.82}$$

本例の場合，リンク数は2，ODペア数は1であるから，つぎのように定式化できる。

$$\begin{aligned} \min\ z_S(x_1, x_2, q) &= x_1 t_1(x_1) + x_2 t_2(x_2) - \int_0^q D^{-1}(w)dw \\ &= x_1(2 + x_1) + x_2(1 + 2x_2) - \int_0^q (10 - w)dw \end{aligned} \tag{4.83}$$

需要変動型利用者均衡配分の場合と同様，現実規模のネットワークでは，この解法を用いる必要がある。

4.4.5　道路網の混雑料金

これまでの検討から，道路ネットワーク上の各リンクに対して，需要変動型の利用者均衡点（*UE*）と需要変動型のシステム最適点（*SO*）が算定できることがわかった。これらの結果を利用して，道路ネットワークの混雑料金を設定する。

図4.27 に道路区間（リンク）に対応した関係図を示す。ここでは簡単のため平均費用曲線（パフォーマンス関数）は直線としている。また，逆需要関数はODペア間の交通量 q_{rs} に対するリンク配分交通量 x_a に基づく価格を表したものである。

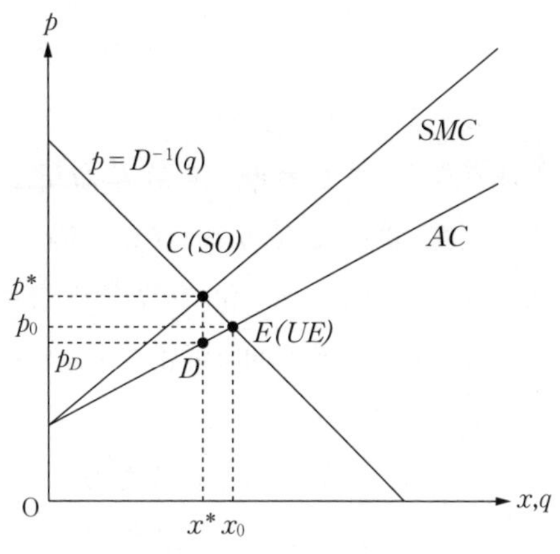

図4.27　混雑料金の算定

したがって，図の費用関数は，横軸が x（リンク交通量）で，逆需要関数は，横軸が q（OD 交通量）で描かれている。

ここで，道路区間 1（リンク 1）に対して，利用者均衡（点 E）に相当する交通量は，$x_1=3$ である。一方で，SCM の交点（点 C）に対応する x^* の値は，$x_1=(4q-1)/6=31/14$ である。また，この際の価格は，需要変動型システム最適配分の結果から，$p=45/7$ である。さらに，x^* に対応する AC の値（点 D）は，$t_1(x_1)=2+x_1=2+31/14=59/14$（平均費用）である。

したがって，このリンクに課すべき混雑料金額は

$$CD=p^*-p_D=\frac{45}{7}-\frac{59}{14}=\frac{31}{14} \tag{4.84}$$

となる。また，このときの交通量は $x_1=3 \Rightarrow 31/14$ に減少する。

同様にして，道路区間 2（リンク 2）について，利用者均衡（点 E）に相当する交通量は，$x_2=2$ である。一方で，SCM の交点（点 C）に対応する x^* の値は，$x_1=(2q+1)/6=19/14$ である。また，この際の価格は需要変動型システム最適配分（SO）の結果から，$p=45/7$ である。さらに，x^* に対応する AC の値（点 D）は，$t_1(x_1)=2+x_1=2+19/14=26/7$（平均費用）である。

したがって，このリンクに課すべき混雑料金額は

$$CD=p^*-p_D=\frac{45}{7}-\frac{26}{7}=\frac{19}{7} \tag{4.85}$$

となる。また，このときの交通量は，$x_1=2 \Rightarrow 19/14$ に減少する。

以上のことから，道路ネットワーク上の混雑料金の算定手順はつぎのように整理できる。すなわち，① 点 E（UE），点 C（SO）が交通量配分結果から求められる。② 点 E（UE），点 C（SO）に対応した各リンク交通量を算定する。③ 混雑料金はリンク単位で CD として算出することができる。

したがって，最終的な混雑料金設定は**図 4.28** に示すように，各リンクに混雑料金が設定される。

このとき，余剰分析を行うためには，本例では消費者余剰は需要関数（一つ）について算定する。一方で，生産者余剰は費用曲線（二つ）について算定

した合計となる。

現実的には，この例のような道路上のすべてのリンクで料金を徴収するのは難しい場合がある。このような場合には，現実的な制約のもとで社会的便益を最大にするような，いわゆる**次善料金**（second best pricing）の方法を考える必要がある[14),15)]。

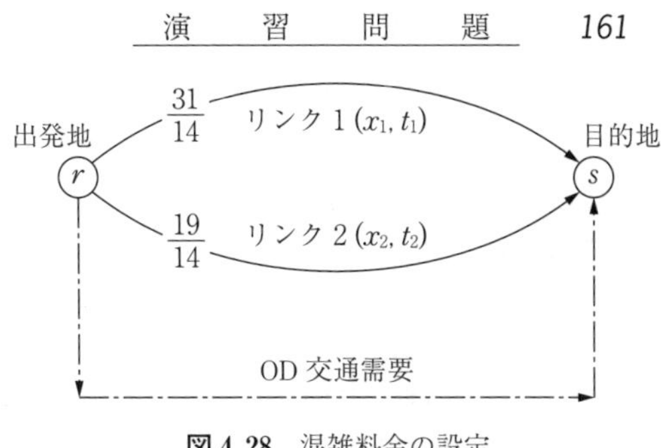

図 4.28　混雑料金の設定

4.4.6　混雑料金の設定

道路ネットワークにおける混雑料金設定方法を学習した。現実的には，必ずしも限界交通費用に合わせた最適課金ができるとはいえない。ここでは，一定の混雑料金額が設定された場合の道路交通状態を算定する場合を考える。

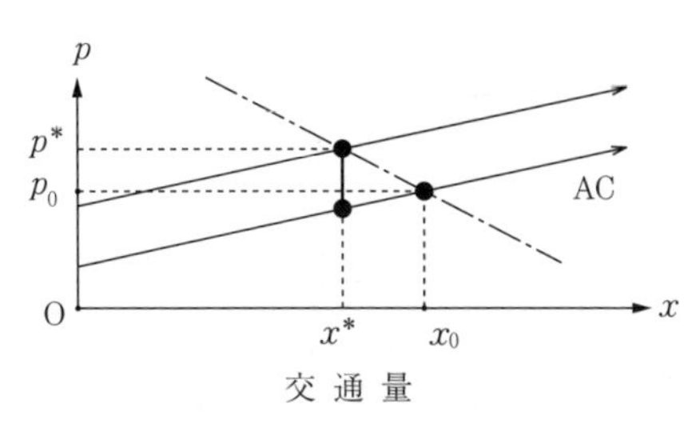

図 4.29　混雑料金の設定

混雑料金額が決定されているとき，**図 4.29** に示すように道路利用者にとって混雑料金の課金は平均交通費用のシフトと同じ効果を与える。したがって，混雑料金 p_C が設定された場合は，道路交通状態は平均交通費用（AC）を p_C だけシフトしたリンクパフォーマンス関数を用いた，利用者均衡配分（UE）に基づいて算定できる。

以上から，このような場合においても現実規模の「等価な数理計画問題」（利用者均衡配分）が重要であることがわかる。

演　習　問　題

【1】　自動車と鉄道の交通機関選択モデルを作成する。このとき，各交通機関の効

用関数の確定項をつぎのように定義する。

$$V_{car}=\beta_t t_{car}+\beta_c c_{car}+\beta_0, \quad V_{rail}=\beta_t t_{rail}+\beta_c c_{rail}$$

また，パラメータを推計した結果，$\hat{\beta}_t=-0.15$，$\hat{\beta}_c=-0.005$，$\hat{\beta}_0=0.5$ であった。ここで，V_{car}，V_{rail} は自動車および鉄道の効用関数の確定項，t_{car}，t_{rail} は自動車および鉄道の所要時間〔分〕，c_{car}，c_{rail} は自動車および鉄道の交通費用〔円〕である。このとき，以下の問いに答えよ。

（1） 自動車の所要時間：20 分，交通費用：400 円，鉄道の所要時間：10 分，交通費用：300 円のときの，各交通機関の効用関数の確定項の値を求めよ。

（2） 前問（1）のときの各交通機関の選択確率を求めよ。

（3） パラメータ推計結果から，時間価値を求めよ。

（4） 鉄道の運賃と鉄道の選択確率との関係をグラフに表せ。ただし，自動車の所要時間：20 分，交通費用：400 円，鉄道の所要時間：10 分とする。

【2】 ある地域で調査した**問表 4.1** に示すデータを用いて，自動車と公共交通の交通機関選択モデルを作成する。各交通機関の効用関数の確定項をつぎのように定義する。

$$V_{car}=\beta_t t_{car}+\beta_0, \quad V_{pub}=\beta_t t_{pub}$$

ここで，V_{car}，V_{pub} は自動車および公共交通の効用関数の確定項，t_{car}，t_{pub} は自動車および鉄道の所要時間〔分〕である。このとき，以下の問いに答えよ。

（1） 効用関数のパラメータを推計した結果，$\hat{\beta}_t=-0.05$，$\hat{\beta}_0=-0.24$ を得た。個人番号 1 について各交通機関の選択確率を求めよ。

（2） この地域での自動車・公共交通の選択率の「実績値」を表より求めよ。

（3） この地域での自動車・公共交通の選択率の「推計値」をロジットモデルを用いて「数え上げ法」により求めよ。

（4） この地域での自動車・公共交通の選択率の「推計値」をロジットモデルを用いて「平均値法」により求めよ。

問表 4.1 推計用データ

個人番号	選択肢*	選択結果	選択肢固有変数	所要時間
1	1	0	1	52
	2	1	0	4
2	1	1	1	18
	2	0	0	84
3	1	1	1	5
	2	0	0	28
4	1	0	1	82
	2	1	0	38
5	1	1	1	32
	2	0	0	56
6	1	1	1	22
	2	0	0	75
7	1	0	1	52
	2	1	0	25
8	1	1	1	51
	2	0	0	82

*選択肢　1：自動車，2：公共交通

【3】 ある地域の鉄道運賃の決定において，プライスキャップ方式が導入されている。2008 年から 2018 年までの運賃改定が**問表 4.2** のように行われた。

いずれの年次においても物価上昇率は 10 % とする。

このとき，以下の問いに答えよ。

（1） 2013 年の運賃改定と 2018 年の運賃改定では，どちらが当局の規制が厳しいと考えられるか。

（2） 規制当局が 2023 年においては同じ物価上昇率に対して生産性向上率を 2 % として，運賃改定を行うとすると，2023 年の運賃額はいくらになるか。

問表 4.2　運賃改定

年次〔年〕	運賃〔円〕
2008	500
2013	535
2018	562
2023	

【4】 鉄道事業を行う企業 1 と企業 2 がある。それぞれの地域においてまったく同様の需要曲線：$q=16-2p$（q：交通サービスの量，p：運賃）に直面しているとする。また，企業 1 の平均費用関数：$c_1=q/2+5$，企業 2 の平均費用関数：$c_2=q/4+2$ であるとする。このとき，規制当局がヤードスティック方式による運賃規制を考えている。このとき，以下の問いに答えよ。

（1） 企業 1・企業 2 の限界費用関数をそれぞれ作成せよ。

（2） 各企業に対する市場均衡点 (q, p) をそれぞれ算定せよ。

（3） 企業 1・企業 2 のうち，相対的に経営努力が少なく高コスト構造を持っているのはどちらか。またそのように判断される理由を述べよ。

（4） 規制当局は，企業 1 に企業 2 の費用曲線に基づく運賃を許可する。このとき企業 1 の総費用，収入，利潤を算定せよ。また，企業 1 に対するインセンティブの内容を説明せよ。

（5） 規制当局は，企業 2 に企業 1 の費用曲線に基づく運賃を許可する。このとき企業 2 の総費用，収入，利潤を算定せよ。また，企業 2 に対するインセンティブの内容を説明せよ。

【5】 **問図 4.1** に示すようなセントロイド ①～③，リンク 1～3 の道路ネットワークを考える。このとき，以下の問いに答えよ。

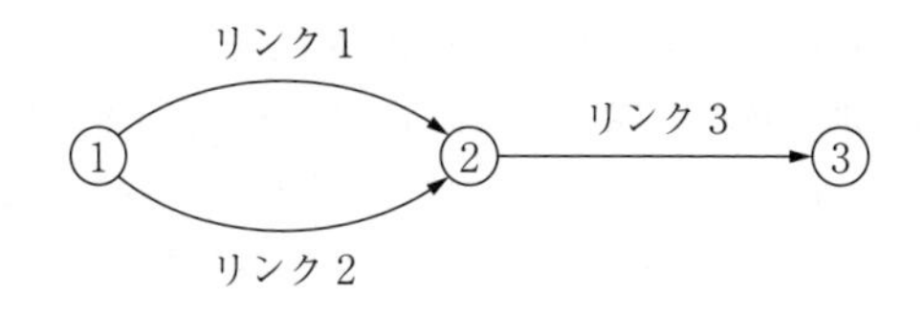

問図 4.1　道路ネットワーク

（1） OD ①→③ の経路をすべて示せ（経路はリンクの集合として示す）。

（2） OD 交通量はいくつ考えられるか。

（3） リンク2を通過する可能性のあるODペアをあげよ。

【6】 **問図4.2**の3経路で構成される道路ネットワークを考える。各リンクコスト関数は図中に示すとおりである。このとき，以下の問いに答えよ。

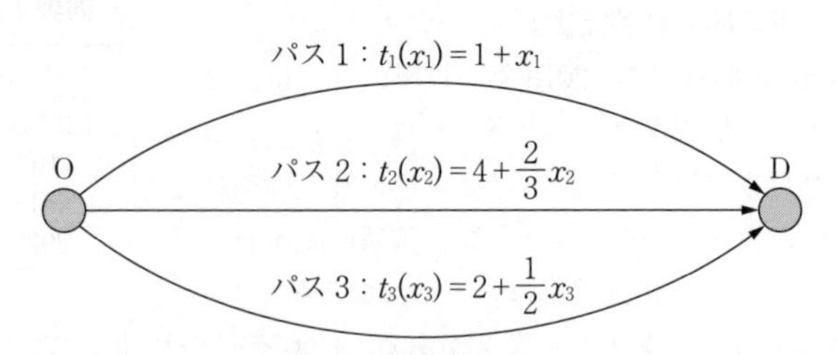

問図4.2　道路ネットワーク

（1） この道路網で利用者均衡状態（UE）に対応する利用経路の組合せは何通りあるか。

（2） 各リンクコスト関数を同一の図（横軸-交通量：0～10，縦軸-時間：0～12）の上に描け。

（3） OD交通量が7であるとき，UE状態の各経路の交通量と所要時間を求めよ。

（4） OD交通量が16であるとき，UE状態の各経路の交通量と所要時間を求めよ。

【7】 **問図4.3**のような都市道路網を考える。ここでOD交通量として，OD①→③：8 000〔トリップ/日〕とOD②→③：4 000〔トリップ/日〕が観測されている。

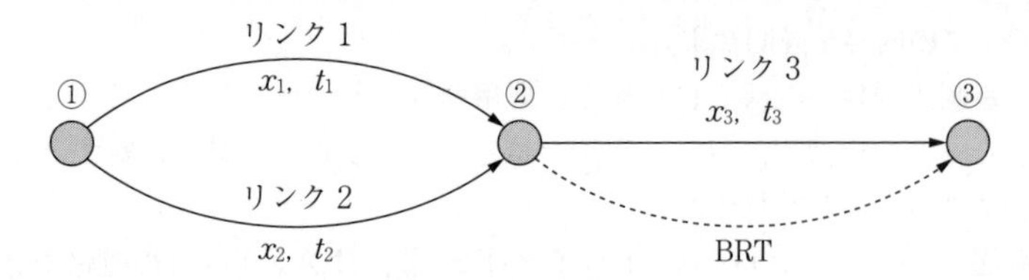

問図4.3　都市道路網

ここで，OD①→③の交通量はすべて自動車交通である。一方で，OD②→③にはリンク③とは別の敷地にBRTの建設計画があり，将来，交通機関分担が期待されている。なお，平均乗車人員：1〔人/台〕，時間価値：50〔円/分〕とする。各リンクのパフォーマンス関数〔分〕は，リンク交通量x_1, x_2, x_3〔台/日〕を用いて，それぞれつぎのように定義される。

$$t_1(x_1)=5+\frac{x_1}{400},\qquad t_2(x_2)=10+\frac{x_2}{200},\qquad t_3(x_3)=6+\frac{x_3}{500}$$

このとき，以下の問いに答えよ。

（1） OD ①→③：8 000〔トリップ/日〕に対して利用者均衡状態が成立するとき，リンク 1，リンク 2 の交通量〔台/日〕を算定せよ。

（2） すべての OD 交通量に対して利用者均衡状態が成立するときのリンク 1，リンク 2，リンク 3 のそれぞれのリンク交通量〔台/日〕，およびリンク所要時間〔分〕を算定せよ。

（3） BRT を導入すると，OD ②→③ の交通量：4 000〔トリップ/日〕のうちの半数のトリップが BRT へ転換すると仮定する。このとき，リンク 3 の所要時間はいくらと算定されるか。

（4） BRT 運行時の都市圏全体の道路利用者の総走行時間（時間），BRT 利用者の総所要時間（時間）をそれぞれ求めよ。なお，OD ②→③ の BRT の所要時間は 15 分とする。

（5） 都市圏の全トリップに対する，BRT 導入なしに対する BRT 導入ありの場合の総走行時間の減少分を，社会的便益と考える。このときの社会的便益〔円/日〕を算定せよ。

【8】 ある道路区間について，需要関数および平均費用関数を線形関数とする。現行の「需要均衡点」は，$(q, p) = (36\,000, 1\,500)$ であり，需要の価格弾力性：5/12（=0.416 6）であるとする。このとき，以下の問いに答えよ。

（1） 平均費用関数を求めよ。交通量が 0 のときの平均費用は，当該道路の「通行料金」（600 円）に等しいとする。

（2） 社会的限界費用関数（SMC）を定義せよ。

（3） 需要関数を定義せよ。

（4） 市場均衡時の死荷重損失分を算定せよ。

（5） 最適料金水準としての混雑料金額を求めよ。

（6） このときの交通量はいくらになるか。

（7） 事業者の混雑料金収入を求めよ。

（8） 消費者余剰の減少分を算定せよ。

【9】 **問図 4.4** のような道路ネットワークを対象に混雑料金政策を検討する。ここで，各リンクの費用関数（パフォーマンス関数）がそれぞれ，$t_1 = 1 + 2x_1$，$t_2 = 3 + x_2$ と表されるとする。また，OD ペア ①⇒② の交通需要 q に関して，逆需要関数 $p = 14 - q$ が定義できるとする。このとき，以下の問いに答えよ。

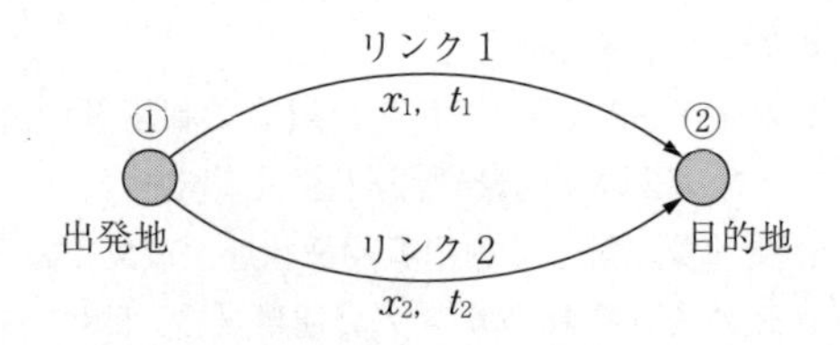

問図 4.4　道路ネットワーク

（1）　利用者均衡時のリンク交通量 x_1, x_2 をそれぞれ，q を用いて表せ。

（2）　利用者均衡時の OD 需要量はいくらか，また均衡交通費用はいくらか。

（3）　利用者均衡時のリンク交通量 x_1, x_2 は，それぞれいくらか（数値）。

（4）　各リンクの社会的限界交通費用関数（SMC）をそれぞれ求めよ（記号 x_1, x_2 を用いて記述せよ）。

（5）　各リンクに課金すべき，混雑料金額（数値）をそれぞれ算定せよ。

【10】（エクセル演習）　道路ネットワークにおけるパフォーマンス関数と需要関数が**問図 4.5** のように設定されている。このとき，以下の問いに答えよ。

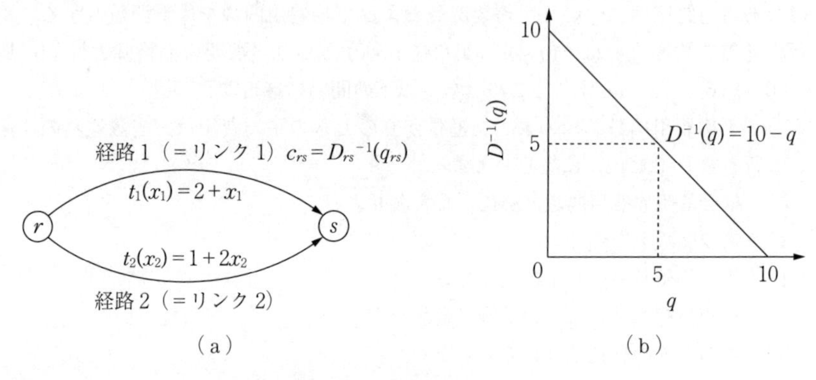

問図 4.5　道路ネットワーク

（1）　エクセルソルバーを用いて需要変動型の利用者均衡配分を等価な数理計画問題で解け。

目的関数：$z(x_1, x_2, q) = \int_0^{x_1} t_1(w)dw + \int_0^{x_2} t_2(w)dw - \int_0^{q} D^{-1}(w)dw$

（2）　エクセルソルバーを用いて需要変動型のシステム最適配分を等価な数理計画問題で解け。

目的関数：$z_S(x_1, x_2, q) = x_1 t_1(x_1) + x_2 t_2(x_2) - \int_0^{q} D^{-1}(w)dw$

付　　　　録

付録 A：ロアの恒等式とマッケンジーの補題（3 章）

経済学では，家計の行動モデルを定式化する際，効用最大化行動か支出最小化行動のいずれかが用いられる。じつはこれらは，双対定理による置き換えを行ったものであり，需要などの結果は同じになる。すなわち，「所得制約下で効用を最大化するように財消費を行う」という消費行動と，「ある効用を得ることを制約として支出を最小化するように財消費を行う」という消費行動は，結果として同じものになるのである。

さらに，いずれのモデル化も，目的関数の最適値とその最適化問題を解いて得られる需要関数との間には関係が成立している。これが，効用最大化行動に対してはロアの恒等式，支出最小化行動に対してはマッケンジーの補題と呼ばれるものである。以下では，それぞれについての証明を示す。

A.1　ロアの恒等式（Roy's identity）

家計の効用最大化行動モデルは，式 (3.1) に示したものを用いる。制約条件式を一本にまとめたものを次式に改めて示す。

$$V = \max_{x_1, x_T} x_1{}^{\alpha} x_T{}^{1-\alpha} \tag{A.1a}$$

$$\text{s.t.} \quad p_1 x_1 + q_T x_T = wT + \pi \tag{A.1b}$$

用いている変数は，式 (3.1) の家計の効用最大化行動で用いたものと同じである。

式 (A.1) をラグランジュ未定乗数法により解く。ラグランジュ関数 $\mathfrak{I}_V$ は次式のようになる。

$$\mathfrak{I}_V = U(x_1, x_T) + \lambda_V[(wT + \pi) - p_1 x_1 - q_T x_T] \tag{A.2}$$

ここで，λ_V：ラグランジュ乗数である。

式 (A.2) のラグランジュ関数の最適化の 1 階条件は以下となる。

$$\frac{\partial \mathfrak{I}_V}{\partial x_1} = \frac{\partial U}{\partial x_1} - \lambda_V p_1 = 0 \qquad ; \frac{\partial U}{\partial x_1} = \lambda_V p_1 \tag{A.3a}$$

$$\frac{\partial \mathfrak{I}_V}{\partial x_T} = \frac{\partial U}{\partial x_T} - \lambda_V p_T = 0 \qquad ; \frac{\partial U}{\partial x_T} = \lambda_V p_T \tag{A.3b}$$

$$\frac{\partial \mathfrak{I}_V}{\partial \lambda_V}=(wT+\pi)-p_1x_1-q_Tx_T=0 \tag{A.3c}$$

式 (A.3) を解くことにより需要関数 x_1, x_T が求められ，それを目的関数に代入することにより間接効用関数（効用水準）も得られる。

$$V=V\{x_1(p_1, q_T, \Omega),\ x_T(p_1, q_T, \Omega)\}=V(p_1, q_T, \Omega) \tag{A.4}$$

ただし，Ω：$(=wT+\pi)$ として所得を置き換えて表したものである。

式 (A.4) の間接効用関数を p_1, q_T, Ω で偏微分する。

$$\frac{\partial V}{\partial p_1}=\frac{\partial U}{\partial x_1}\frac{\partial x_1}{\partial p_1}+\frac{\partial U}{\partial x_T}\frac{\partial x_T}{\partial p_1} \tag{A.5a}$$

$$\frac{\partial V}{\partial q_T}=\frac{\partial U}{\partial x_1}\frac{\partial x_1}{\partial q_T}+\frac{\partial U}{\partial x_T}\frac{\partial x_T}{\partial q_T} \tag{A.5b}$$

$$\frac{\partial V}{\partial \Omega}=\frac{\partial U}{\partial x_1}\frac{\partial x_1}{\partial \Omega}+\frac{\partial U}{\partial x_T}\frac{\partial x_T}{\partial \Omega} \tag{A.5c}$$

式 (A.5) に式 (A.3a)，(A.3b) を代入し整理すると以下が得られる。

$$\frac{\partial V}{\partial p_1}=\lambda_V\left(p_1\frac{\partial x_1}{\partial p_1}+q_T\frac{\partial x_T}{\partial p_1}\right) \tag{A.6a}$$

$$\frac{\partial V}{\partial q_T}=\lambda_V\left(p_1\frac{\partial x_1}{\partial q_T}+q_T\frac{\partial x_T}{\partial q_T}\right) \tag{A.6b}$$

$$\frac{\partial V}{\partial \Omega}=\lambda_V\left(p_1\frac{\partial x_1}{\partial \Omega}+q_T\frac{\partial x_T}{\partial \Omega}\right) \tag{A.6c}$$

つぎに，制約式 (A.1b) に需要関数を代入し，p_1, q_T, Ω で偏微分する。

$$x_1+p_1\frac{\partial x_1}{\partial p_1}+q_T\frac{\partial x_T}{\partial p_1}=0 \tag{A.7a}$$

$$x_T+p_1\frac{\partial x_1}{\partial q_T}+q_T\frac{\partial x_T}{\partial q_T}=0 \tag{A.7b}$$

$$p_1\frac{\partial x_1}{\partial \Omega}+q_T\frac{\partial x_T}{\partial \Omega}=1 \tag{A.7c}$$

となり，式 (A.7) を適宜変形して，式 (3.6) に代入すると

$$\frac{\partial V}{\partial p_1}=-\lambda_V x_1,\qquad \frac{\partial V}{\partial q_T}=-\lambda_V x_T,\qquad \frac{\partial V}{\partial \Omega}=\lambda_V \tag{A.8}$$

となる。式 (A.8) の第三式は，所得の限界効用（$\partial V/\partial\Omega$）が効用最大化問題のラグランジュ乗数 λ_V に一致することを表している。式 (A.8) より，以下のロアの恒等式が得られる。

$$\frac{\partial V/\partial p_1}{\partial V/\partial \Omega}=-x_1,\qquad \frac{\partial V/\partial q_T}{\partial V/\partial \Omega}=-x_T \tag{A.9}$$

すなわち，ロアの恒等式は，価格の限界効用と所得の限界効用の比が需要関数にマイナス記号を付けたものに一致することを意味している。

A.2　マッケンジーの補題（McKenzie's lemma）

マッケンジーの補題の導出に際しては，家計の消費行動モデルを以下のような支出最小化行動により定式化する。これは，ロアの恒等式で用いた家計の効用最大化行動を双対定理により置き換えたものといえる。

$$M = \min p_1 x_1 + p_T x_T \tag{A.10a}$$

$$\text{s.t.} \quad U^0 = U(x_1, x_T) \tag{A.10b}$$

用いた変数は，式（3.1）と同じである。

式（A.10）をラグランジュ未定乗数法により解く。ラグランジュ関数 $\Im_M$ は以下のようになる。

$$\Im_M = p_1 x_1 + q_T x_T - \lambda_M [U^0 - U(x_1, x_T)] \tag{A.11}$$

式（A.11）のラグランジュ関数の最適化の1階条件は以下となる。

$$\frac{\partial \Im_M}{\partial x_1} = p_1 - \lambda_M \frac{\partial U}{\partial x_1} = 0 \quad : \quad \frac{\partial U}{\partial x_1} = \frac{p_1}{\lambda_M} \tag{A.12a}$$

$$\frac{\partial \Im_M}{\partial x_T} = q_T - \lambda_M \frac{\partial U}{\partial x_T} = 0 \quad : \quad \frac{\partial U}{\partial x_T} = \frac{q_T}{\lambda_M} \tag{A.12b}$$

$$\frac{\partial \Im}{\partial \lambda_M} = U^0 - U\left(x_1, x_T\right) = 0 \tag{A.12c}$$

式（A.12）を解くことにより，補償需要関数 $x_1{}^*, x_T{}^*$ が求められる。

ここで，制約式（A.10b）に補償需要関数を代入して p_1, q_T で偏微分する。式（A.10b）の左辺 U^0 が一定であることに注意すると，以下が得られる。

$$\frac{\partial U}{\partial p_1} = \frac{\partial U}{\partial x_1}\frac{\partial x_1{}^*}{\partial p_1} + \frac{\partial U}{\partial x_T}\frac{\partial x_T{}^*}{\partial p_1} = 0 \tag{A.13a}$$

$$\frac{\partial U}{\partial q_T} = \frac{\partial U}{\partial x_1}\frac{\partial x_1{}^*}{\partial q_T} + \frac{\partial U}{\partial x_T}\frac{\partial x_T{}^*}{\partial q_T} = 0 \tag{A.13b}$$

式（A.13）に，式（A.12a），（A.12b）を代入し整理すると以下が得られる。

$$p_1 \frac{\partial x_1{}^*}{\partial p_1} + q_T \frac{\partial x_T{}^*}{\partial p_1} = 0 \tag{A.14a}$$

$$p_1 \frac{\partial x_1{}^*}{\partial q_T} + q_T \frac{\partial x_T{}^*}{\partial q_T} = 0 \tag{A.14b}$$

また，式（A.12）を解いて得られた補償需要関数 $x_1{}^*, x_T{}^*$ を，式（A.10）の目的関数に代入することにより以下のように支出水準が求められる。

$$M = p_1 x_1{}^*(p_1, q_T, U) + q_T x_T{}^*(p_1, q_T, U) \tag{A.15}$$

これを p_1，q_T で偏微分すると

$$\frac{\partial M}{\partial p_1} = x_1^* + p_1 \frac{\partial x_1^*}{\partial p_1} + q_T \frac{\partial x_T^*}{\partial p_1} \quad \text{(A.16a)}$$

$$\frac{\partial M}{\partial q_T} = x_T^* + p_1 \frac{\partial x_1^*}{\partial q_T} + q_T \frac{\partial x_T^*}{\partial q_T} \quad \text{(A.16b)}$$

となり，式 (A.16) に式 (A.14) を代入することにより，式 (3.19) のマッケンジーの補題が得られる。

$$\frac{\partial M}{\partial p_1} = x_1^*, \quad \frac{\partial M}{\partial q_T} = x_T^* \quad \text{(A.17)}$$

付録 B：Excel ソルバーによる解法（演習問題）

ここでは，Excel のソルバー機能を利用して，数理計画問題を解く方法を解説する。

B.1　ソルバーアドインの設定

ソルバー機能を利用する場合，「ソルバーアドイン」を有効にしておく必要がある。

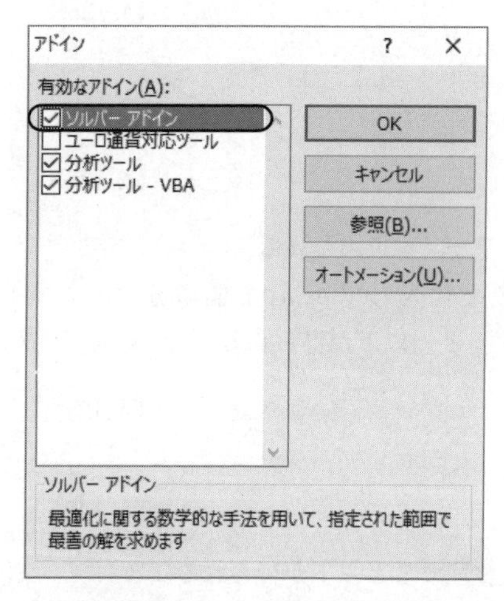

付図 B.1　Excel アドインの設定

例えば，Excel 2013 の場合，［データ］タブに［ソルバー］が表示されていない場合は，［ファイル］→［オプション］→［アドイン］の中の「Excel アドイン」の設定で，「ソルバーアドイン」にチェックを付ける（**付図 B.1**）。

B.2　数理計画問題の解法

以下の数理計画問題を解く（1 章の演習問題【9】）。

$$\begin{cases} \min z = x_1' + x_2' + x_3' \\ \text{s.t.} \quad 3x_1' + 7x_2' + x_3' \geqq 1 \\ \qquad 9x_2' + 5x_3' \geqq 1 \\ \qquad 7x_1' + 8x_3' \geqq 1 \\ \qquad x_1',\ x_2',\ x_3' \geqq 0 \end{cases}$$

●計算式の入力

Excel で**付図 B.2** のようなシートを準備する。

2 行目には，ソルバーの実行により，x_1 から x_3 の解が表示される。また，3 行目から 5 行目では制約条件を設定している。また，E 列には**付図 B.3** に示すような数式を入力している。

E2 のセルでは，目的関数 $(x_1' + x_2' + x_3')$ を計算している。また，E3 のセルは制約

	A	B	C	D	E	F	G
1		x1	x2	x3	z		
2	解				0	←目的関数	
3	制約条件	3	7	1	0	1	
4		0	9	5	0	1	
5		7	0	8	0	1	
6							

付図 B.2　Excelシートの設定

	A	B	C	D	E	F	G
1		x1	x2	x3	z		
2	解				=B2+C2+D2	←目的関数	
3	制約条件	3	7	1	=B$2*B3+C$2*C3+D$2*D3	1	
4		0	9	5	=B$2*B4+C$2*C4+D$2*D4	1	
5		7	0	8	=B$2*B5+C$2*C5+D$2*D5	1	

付図 B.3　Excelシートの計算式の設定

条件の $(3x_1'+7x_2'+x_3')$ を計算している。同様に，E4，E5のセルも設定する（これは，E3セルをコピーするとよい）。F列は，制約の値を設定している。

●ソルバーの実行条件の設定

［データ］→［ソルバー］でソルバーの設定画面を表示する。**付図 B.4**に示すように目的セル，目標値，変数セル，制約条件を設定する。

「目的セルの設定」は，目的関数の式を入力したE2セルを選択する。また，今回の問題は最小値を求める問題であるため，「目標値」は「最小値」を選択する。「変数セルの変更」は，答えを記録するセルであり，B2～E2セルを選択する。数理計画問題の各制約条件を「制約条件の対象」に追加する。また，非負条件は「制約のない変数を非負数にする」にチェックするとよい。

●ソルバーの実行

［解決］ボタンを押すとソルバーが実行される。最適解が見つかると，ウィンドウに「ソルバーによって解が見つかりました。」と表示され，「ソルバーの解の保持」を選択することにより，**付図 B.5**のようにB2～D2のセルに答え，E2のセルに目的関数の値が表示される。

ソルバーを用いた解法は，以上で終了である。

1章の演習問題【9】では，**付図 B.6**のように7行目に以下に示す数式を入力することで，答え (u, x_1, x_2) を求めることができる。

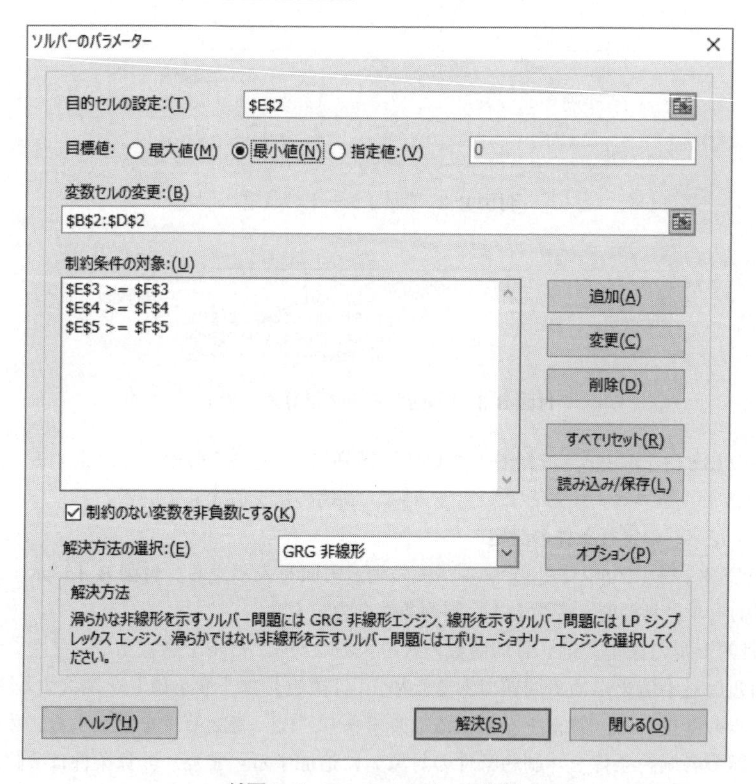

付図 B.4　Excel ソルバーの実行

	A	B	C	D	E	F
1		x1	x2	x3	z	
2	解	0.105528	0.092965	0.032663	0.2311558	←目的関数
3	制約条件	3	7	1	1	1
4		0	9	5	1	1
5		7	0	8	1	1

付図 B.5　ソルバーの実行結果

	A	B	C	D	E	F
1		x1	x2	x3	z	
2	解	0.105528	0.092965	0.032663	0.2311558	←目的関数
3	制約条件	3	7	1	1	1
4		0	9	5	1	1
5		7	0	8	1	1
6						
7		=B2*$E7	=C2*$E7	=D2*$E7	=1/E2	

付図 B.6　計算式の追加

引用・参考文献

【1章】

1）秋山孝正，上田孝行 編著：すぐわかる計画数学，コロナ社（1998）
2）坂和正敏：数理計画法の基礎，森北出版（1999）
3）奈良宏一，佐藤泰司：システム工学の数理手法，コロナ社（1996）
4）福島雅夫：数理計画入門，朝倉書店（1996）
5）松原 望：意思決定の基礎（シリーズ意思決定の科学 1），朝倉書店（2001）
6）岡田 章：ゲーム理論・入門　人間社会の理解のために　有斐閣アルマ（2008）
7）舟木由喜彦：演習ゲーム理論（演習新経済学ライブラリー 4），新世社（2004）
8）中村慎助，小澤太郎，グレーヴァ香子 編：公共経済学の理論と実際，東洋経済新報社（2003）

【2章】

1）井堀利宏：入門経済学，新世社（1997）
2）西村和雄：ミクロ経済学，東洋経済新報社（1990）
3）西村和雄：入門経済学ゼミナール，実務教育出版（1990）
4）太田博史：地域・都市・交通分析のためのミクロ経済学（応用地域経済学シリーズ），東洋経済新報社（2002）
5）武隈愼一：ミクロ経済学 増補版（新経済学ライブラリー 4），新世社（1999）
6）武隈愼一：演習ミクロ経済学（演習新経済学ライブラリー 1），新世社（1994）
7）福岡正夫：ゼミナール経済学入門，日本経済新聞社（1986）
8）瀬古美喜，渡辺真知子：完全マスターゼミナール経済学入門，日本経済新聞社（1995）
9）茂木喜久雄：試験対応　らくらくミクロ経済学入門［改訂版］，週間住宅新聞社（2011）
10）秋山孝正，上田孝行 編著：すぐわかる計画数学，コロナ社（1998）
11）吉田真理子，荒田映子：ミクロ経済学の理論と演習，中央経済社（2013）
12）奥野信宏：現代経済学入門，公共経済学 第3版，岩波書店（2008）

【3章】

1）土木学会 編，御巫清泰，森杉寿芳 著：社会資本と公共投資（新体系土木工学 49巻），技報堂出版（1981）
2）長谷川俊英，石川良文：公共事業の事後評価手法とその課題，土木計画学研究発表会・講演集，No.25（2002）
3）中村英夫 編，道路投資評価研究会 著：道路投資の社会経済評価，東洋経済新報社（1997）
4）上田孝行 編著：Excel で学ぶ地域・都市経済分析，コロナ社（2010）
5）秋山孝正，上田孝行 編著：すぐわかる計画数学，コロナ社（1998）
6）森杉壽芳：交通プロジェクトの便益の定義について ― 弱等価的偏差（WEV）の

提唱 ―，地域学研究，No.14，pp.31～46（1984）
7）森杉壽芳，宮城俊彦：都市交通プロジェクトの評価 ― 例題と演習，コロナ社（1996）
8）森杉壽芳：社会資本整備の便益評価 ― 一般均衡理論によるアプローチ，勁草書房（1997）
9）西村和雄：ミクロ経済学，東洋経済新報社（1990）
10）桐越 信，澤田和宏，毛利雄一：道路投資の費用便益分析 ― 理論と適用，交通工学研究会（2008）
11）大野栄治 編著：環境経済評価の実務，勁草書房（2000）
12）肥田野登：環境と社会資本の経済評価 ― ヘドニック・アプローチの理論と実際 ―，勁草書房（1997）
13）竹内憲司：環境評価の政策利用 ― CVM とトラベルコスト法の有効性，勁草書房（1999）
14）飯田恭敬 監修，北村隆一 編：情報化時代の都市交通計画，コロナ社（2010）
15）石倉智樹，横松宗太：公共事業評価のための経済学，コロナ社（2013）
16）八田達夫：ミクロ経済学 II，東洋経済新報社（2009）
17）竹内信仁，森田雄一：スタンダードミクロ経済学，中央経済社（2013）

【4章】

1）土木学会 編：非集計行動モデルの理論と実際（1995）
2）北村隆一，森川高行 編著：交通行動の分析とモデリング，技報堂出版（2002）
3）飯田恭敬 監修，北村隆一 編著：交通工学，オーム社（2008）
4）奥野正寛，篠原総一，金本良嗣 編：交通政策の経済学，日本経済新聞社（1989）
5）日本交通学会 編：交通経済ハンドブック，白桃書房（2011）
6）竹内健蔵：交通経済学入門，有斐閣ブック（2008）
7）山内弘隆，竹内健蔵：交通経済学，有斐閣アルマ（2002）
8）茂木喜久雄：試験対応 らくらくミクロ経済学入門［改訂版］，週間住宅新聞社（2005）
9）西村和雄：ミクロ経済学，東洋経済新報社（1990）
10）斎藤峻彦：交通市場政策の構造，中央経済社（1991）
11）土木学会 編：道路交通需要予測の理論と適用〈第 II 編〉利用者均衡配分モデルの展開，土木学会（2006）
12）Y. Sheffi：Urban Transportation Networks：Equilibrium Analysis With Mathematical Programming Methods，Prentice Hall（1985）
13）飯田恭敬 監修，北村隆一 編：情報化時代の都市交通計画，コロナ社（2010）
14）山田浩之 編：交通混雑の経済分析 ― ロード・プライシング研究 ―，勁草書房（2001）
15）文 世一：交通混雑の理論と政策 ― 時間・都市空間・ネットワーク，東洋経済新報社（2005）

演習問題略解

1章

【1】（1）$\max Z = \sum c_{ij}x_{ij}, \quad \text{s.t.} \quad \sum a_{ij}x_{ij} \leqq b, \quad x_{ij} \in \{0, 1\}$

（2）64通りの解を列挙する。

最適解：交差点1：(信号機のLED化，導流標示)，交差点2：なし，総便益額：12千万円

（3）交差点1：(排水性舗装，導流標示)，交差点2：(信号機のLED化)，総便益額：18千万円

【2】$\{x_1, x_2, x_3, x_4\} = \{0, 1, 0, 1\}$ より**解図1.1**となる。

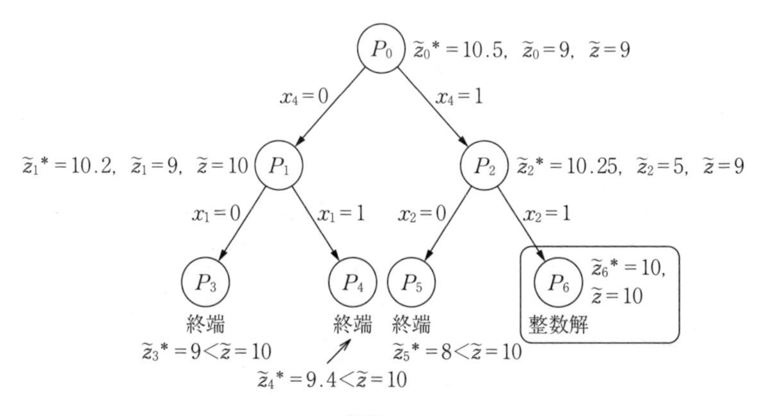

解図1.1

【3】（1）事業者A：$\max\{-3, -3, -2\} = -2$，戦略 α_3，　事業者B：$\min\{4, 6, 5\} = 4$，戦略 β_1

（2）$\alpha_{31} = -2$

【4】（1）事業者A：$\max\{1, 2\} = 2$，戦略2，マクスミン値2，

事業者B：$\min\{3, 5\} = 3$，戦略1，ミニマックス値3

（2）ナッシュ均衡解は存在しない。

（3）$E_A(x, y) = 3xy + x(1-y) + 2(1-x)y + 5(1-x)(1-y) = y(x+2) + (1-y)(-4x+5)$ よりマクスミン戦略 $(0.6, 0.4)$，マクスミン値2.6

（4）$E_B(x,y)=3xy+x(1-y)+2(1-x)y+5(1-x)(1-y)=x(2y+1)+(1-x)(-3y+5)$ よりミニマックス戦略 $(0.8, 0.2)$，ミニマックス値 2.6

（5）2.6

【5】（1）(A, B)＝(避ける, 避けない)，(避けない, 避ける)

（2）(A, B)＝(避ける, 避けない)，(避けない, 避ける)，
(避ける, 避ける)

【6】（1）**解表 1.1** となる。

（2）(A, B)＝(環境政策, 環境政策)，
(健康政策, 健康政策)

（3）(A, B)＝(環境政策, 環境政策)，
(健康政策, 健康政策)

解表 1.1　利得行列表

A市＼B市	環境政策	健康政策
環境政策	(1, 2)	(0, 0)
健康政策	(0, 0)	(2, 1)

【7】（1）$E_A(x,y)=\sum_{i=1}^{m}\sum_{j=1}^{n}a_{ij}x_iy_j=3xy+x(1-y)+2(1-x)y+5(1-x)(1-y)$

$$=y(x+2)+(1-y)(5-4x)$$

解図 1.2 となる。

（2）$x+2=5-4x$,　$x=\frac{3}{5}$,　$\left(\frac{3}{5}, \frac{2}{5}\right)$,　$v_A=\frac{13}{5}$

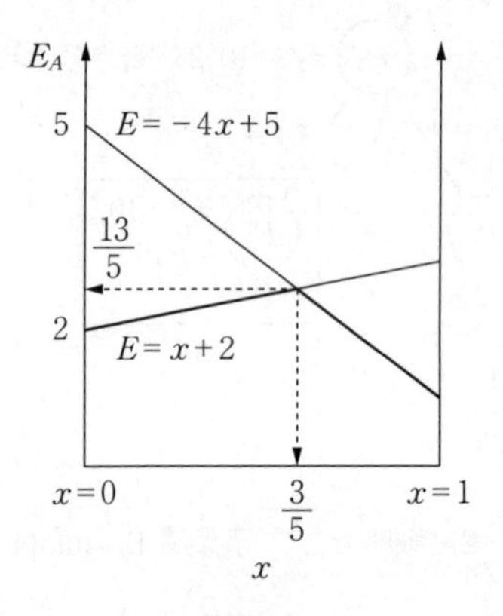

解図 1.2

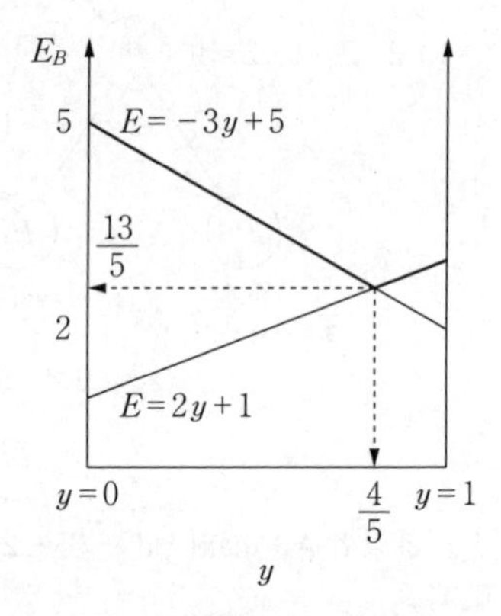

解図 1.3

（3）$E_B(x,y)=\sum_{i=1}^{m}\sum_{j=1}^{n}a_{ij}x_iy_j=3xy+x(1-y)+2(1-x)y+5(1-x)(1-y)$

$$=x(2y+1)+(1-x)(5-3y)$$

解図 1.3 となる。

（4）$2y+1=5-3y$,　$y=\frac{4}{5}$,　$\left(\frac{4}{5}, \frac{1}{5}\right)$,　$v_B=\frac{13}{5}$

【8】（1）LP1：

$$\min z = x_1{}' + x_2{}'$$
$$\text{s.t.}\quad 3x_1{}' + 5x_2{}' \geqq 1$$
$$4x_1{}' \geqq 1$$
$$x_1{}',\ x_2{}' \geqq 0$$

LP2：

$$\max w = y_1{}' + y_2{}'$$
$$\text{s.t.}\quad 3y_1{}' + 4y_2{}' \leqq 1$$
$$5y_1{}' \leqq 1$$
$$y_1{}',\ y_2{}' \geqq 0$$

（2）$x_1{}'=0.25$，$x_2{}'=0.05$，$z=0.3$　　$y_1{}'=0.2$，$y_2{}'=0.1$，$w=0.3$

（3）$x_1=0.83$，$x_2=0.17$，$u=3.33$　　$y_1=0.67$，$x_2=0.33$，$u=3.33$

（4）A 市：16 600 m^2，B 市：8 000 m^2

【9】（付録：Excel ソルバーによる解法参照）

プレーヤーA：戦略1：0.46，戦略2：0.40，戦略3：0.14，ゲームの値：4.33

プレーヤーB：戦略1：0.48，戦略2：0.11，戦略3：0.41，ゲームの値：4.33

2 章

【1】（1）**解図 2.1** となる。　　（2）**解図 2.2** となる。

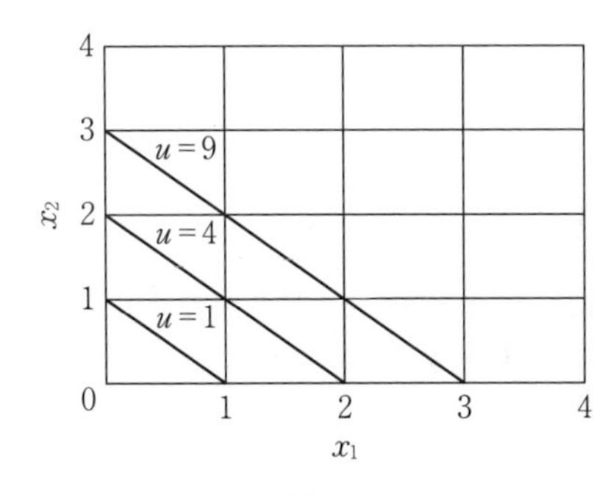

解図 2.1

解図 2.2

【2】（1）$MU_1 = \dfrac{1}{2} x_1{}^{-1/2} x_2{}^{1/3}$，

$$MU_2 = \frac{1}{3} x_1{}^{1/2} x_2{}^{-2/3}$$

（2）$-\dfrac{1}{4} x_1{}^{-3/2} x_2{}^{1/3} < 0$，

$$-\frac{2}{9} x_1{}^{1/2} x_2{}^{-5/3} < 0$$

（3）$x_2 = \left(\dfrac{u^0}{x_1{}^{1/2}}\right)^3$

（4）**解図 2.3** となる。

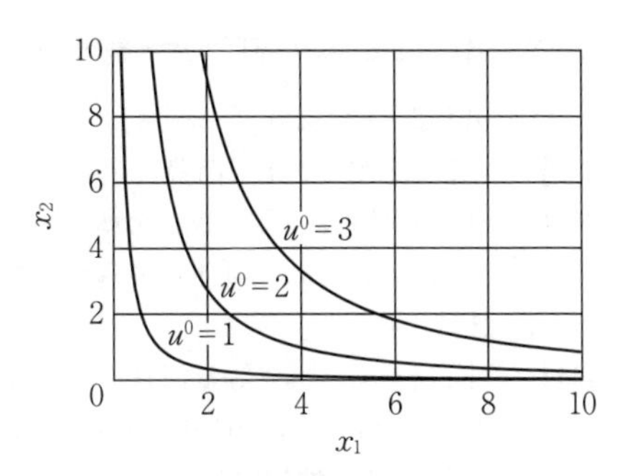

解図 2.3

【3】（1）$\max u = 10(x_1+4)x_2$

　　s.t.　$10x_1+20x_2=200,\ \ x_1, x_2 \geqq 0$

（2）ラグランジュ関数　$L=10(x_1+4)x_2-\lambda(10x_1+20x_2-200)$

$$\frac{\partial L}{\partial x_1}=x_2-\lambda=0,\quad \frac{\partial L}{\partial x_2}=x_1+4-2\lambda=0,\quad \frac{\partial L}{\partial \lambda}=x_1+2x_2-20=0$$

より $x_1=8,\ \ x_2=6$

（3）$u=10\times(8+4)\times 6=720$

【4】（1）$L=x_1^{\alpha}x_2^{\beta}-\lambda(I-p_1x_1-p_2x_2)$

（2）$\dfrac{\partial L}{\partial x_1}=\alpha x_1^{\alpha-1}x_2^{\beta}+\lambda p_1=0,\quad \dfrac{\partial L}{\partial x_2}=\beta x_1^{\alpha}x_2^{\beta-1}+\lambda p_2=0,\quad \dfrac{\partial L}{\partial \lambda}=I-p_1x_1-p_2x_2=0$

（3）$x_1=\dfrac{\alpha}{p_1}I,\ \ x_2=\dfrac{\beta}{p_2}I$　（4）$u=\left(\dfrac{\alpha I}{p_1}\right)^{\alpha}\left(\dfrac{\beta I}{p_2}\right)^{\beta}$　（5）$I=u^0\dfrac{p_1^{\alpha}p_2^{\beta}}{\alpha^{\alpha}\beta^{\beta}}$

（6）（5）の解を（3）の式に代入する。$x_1=u^0\dfrac{p_1^{\alpha-1}p_2^{\beta}}{\alpha^{\alpha-1}\beta^{\beta}},\ \ x_2=u^0\dfrac{p_1^{\alpha}p_2^{\beta-1}}{\alpha^{\alpha}\beta^{\beta-1}}$

【5】（1）$\min 5x_1+2x_2$　s.t.　$u(x_1, x_2)=x_1x_2^{2}=u_0$

（2）$L=5x_1+2x_2-\lambda(u_0-x_1x_2^{2}),\ \ \dfrac{\partial L}{\partial x_1}=0,\ \ \dfrac{\partial L}{\partial x_2}=0,\ \ \dfrac{\partial L}{\partial \lambda}=0$ より

　$5x_1=x_2,\ \ u_0=x_1x_2^{2}=25$　$x_1=1,\ \ x_2=5$

【6】（1）$x=\left(\dfrac{8}{p}\right)^{2}$　（2）$p<\sqrt{2},\ \ x=0$　$p\geqq\sqrt{2},\ \ x=p$

（3）消費量：4，均衡価格：4　（4）当初の効用：20，市場均衡時の効用：48

【7】（1）総費用 $c=2s+8r$ を最小化する条件 $(\partial q/\partial r)/(\partial q/\partial s)=s/r=4$ より，$s=q/10,\ \ r=q/40$

（2）$c=2s+8r=\dfrac{2}{5}q$

【8】（1）$MC=\dfrac{dTC}{dy}=3y^2-16y+14,\ \ AVC=y^2-8y+14$

（2）$AC=MC$ より $AC=y^2-8y+14+\dfrac{144}{y}=3y^2-16y+14$（$MC$），$y=6$

（3）$AVC=MC$ より $y^2-8y+14=3y^2-16y+14,\ \ y=4$

【9】生産者余剰：7/8，消費者余剰：1

【10】（1）消費量：3，消費者余剰：4.5　（2）消費量：4，消費者余剰：8

（3）$p_{A+B}=13-2q$　（4）最適供給量：5，消費者余剰：25，生産者余剰：0

（5）2倍

【11】（1）$q=q_A=q_B$（等量消費性）より

　$p=(2\,000-30q)+(1\,000-20q)=3\,000-50q$

（2）$MC=500$（供給曲線）より $500=3\,000-50q,\ \ q=50$

【12】（1）$MC_A=6x$，$MC_B=2y+2x$

（2）$\pi_A=120x-3x^2-10$

（3）$\dfrac{d\pi_A}{dx}=120-6x=0$，$x=20$

（4）$\pi_B=60y-(y^2+40y+8)$，$\dfrac{d\pi_B}{dy}=60-2y-40=0$，$y=10$

（5）$\pi_A=120x-(3x^2+10)-30x$，$\dfrac{d\pi_A}{dx}=120-6x-30=0$，$x=15$，

$\pi_B=60y-(y^2+30y+8)$，$\dfrac{d\pi_B}{dy}=60-2y-30=0$，$y=15$

【13】（1）$2x_A+6y_A=48$　（2）$L(x_A, y_A, \lambda)=x_A\cdot y_A-\lambda(2x_A+6y_A-48)$

（3）$(x_A, y_A)=(12, 4)$　（4）$MU_x{}^B=3$，$MU_y{}^B=2$，$MRS_B=\dfrac{3}{2}$

（5）$y_A=\dfrac{3}{2}x_A$　（6）**解図 2.4** となる。

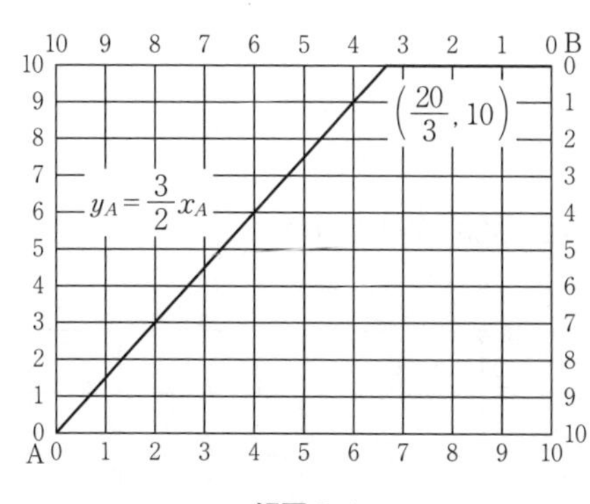

解図 2.4

	A	B	C	D
1	x	1511.639	px	100
2	L	1259.705	w	80
3	y	2519.407	py	120
4	π	50388.48		

$x=1\,512$，$L=1\,260$，$y=2\,519$

解図 2.5

【14】（1）$\max\ \pi=p_y y-wL-p_x x$

s.t.　$y=6L^{1/3}x^{1/2}$

（2）**解図 2.5** となる。最大利潤 $\pi=50\,388$ である。

3 章

【1】（1）$\max\ u=x_1\cdot x_2$

s.t.　$p_1x_1+p_2x_2\leqq I$　$(x_1\geqq 0,\ x_2\geqq 0)$

（2）$u=\dfrac{I^2}{4}\cdot\dfrac{1}{p_1p_2}$　（3）6　（4）$\dfrac{4}{3}x_1+2x_2=12$　（5）6

（6）EVを用いるべき。CVは事後の価格を用いるので，異なった価格体系で評価すると整合的でないため。

【2】（1）$ENPV=\sum_{t=0}^{T}\frac{B_t-C_t}{(1+i)^t}$,　$CBR=\frac{\sum_{t=0}^{T}\left\{B_t/(1+i)^t\right\}}{\sum_{t=0}^{T}\left\{C_t/(1+i)^t\right\}}$

（2）代替案1：ENPV＝1 185〔千万円〕，CBR＝1.063
　　代替案2：ENPV＝　479〔千万円〕，CBR＝1.039

（3）−123

（4）11.24 %

（5）① どちらのプロジェクトも費用便益比が1を超えているので，採択すべき。
　　② 経済的純現在価値，費用便益比ともに代替案1のほうが大きいため，代替案1を優先すべき。

【3】（1）1 155億円　（2）105億円
（3）第0期：C，第1期：A　（4）ENPV＝1 146億円，CBR＝6.90

【4】（1）一般道路：25×12＋70×30＝2 400〔円〕
　　　　高速道路：700＋25×10＋30×30＝1 850〔円〕

（2）道路交通量：$q=\frac{7\,350-c}{11}$（c：交通一般化価格）

（3）$CS=-\frac{1}{2}(450+500)(2\,400-1\,850)=261\,250$〔百万円 / 年〕

【5】（1）回帰分析により$\beta_0=19.4$, $\beta_1=2.2$

（2）**解図3.1**となる。

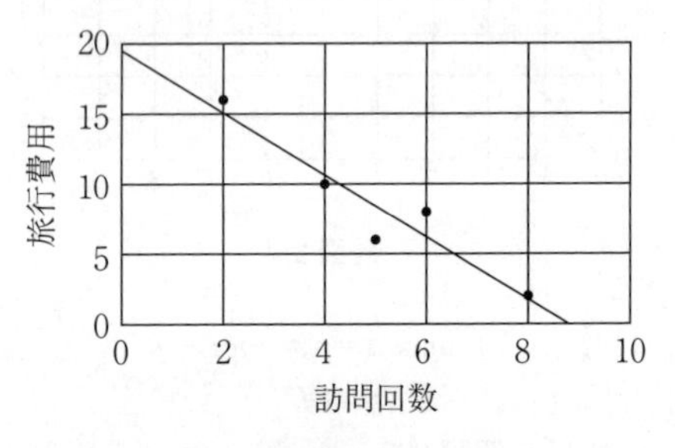

解図3.1

（3）消費者余剰は三角形の面積で求められる。

$$\frac{4\times(19.4-10.6)}{2}=17.6$$

（4）環境整備を行ったときのRアクセス需要関数は$P=23.8-2.2x$。したがって，消費者余剰は

$$\frac{6\times(23.8-10.6)}{2}=39.6$$

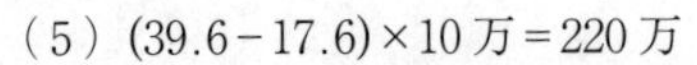

（5）$(39.6-17.6)\times 10$万＝220万

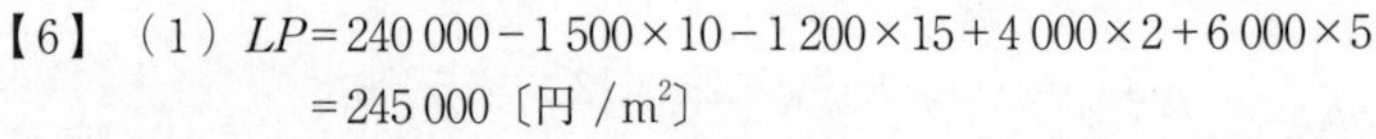

【6】（1）$LP=240\,000-1\,500\times 10-1\,200\times 15+4\,000\times 2+6\,000\times 5$
　　　　$=245\,000$〔円 / m²〕

（2）$6\,000\times 2=12\,000$〔円 / m²〕

【7】（1）17 000

（2）地区 1：2 805 万円，地区 2：4 080 万円，地区 3：4 462.5 万円，地区 4：3 400 万円，地区 5：1 530 万円

（3）16 277.5 万円

【8】$w=u_A u_B=x_A^{1/2} y_A x_B y_B^{1/2}=x_A^{1/2} y_A (12-x_A)(9-y_A)^{1/2}$,

$\frac{\partial w}{\partial x_A}=0$, $\frac{\partial w}{\partial y_A}=0$ より

$x_A=4$, $y_A=6$, $x_B=8$, $y_B=3$

【9】**解図 3.2** より

（1）1 042.7〔百万円〕　（2）1.034　（3）5.5 %

	A	B	C	D	E	F
1		便益	費用	0.04	便益	費用
2	0	0	30000	1	0	30000
3	1	2000	100	0.961538	1923.077	96.15385
4	2	8000	100	0.924556	7396.45	92.45562
5	3	7000	100	0.888996	6222.975	88.89964
6	4	10000	100	0.854804	8548.042	85.48042
7	5	9000	100	0.821927	7397.344	82.19271
8					31487.89	30445.18
9					1.034249	1042.705

解図 3.2

4 章

【1】（1）自動車：$V_{car}=-0.15\times20-0.005\times400+0.5=-4.5$

鉄　道：$V_{rail}=-0.15\times10-0.005\times300=-3.0$

（2）$P_{car}=\frac{\exp(-4.5)}{\exp(-4.5)+\exp(-3.0)}=0.18$,

$P_{rail}=\frac{\exp(-3.0)}{\exp(-4.5)+\exp(-3.0)}=0.82$

（3）時間価値 $=\frac{\beta_t}{\beta_c}=30$〔円 / 分〕

（4）**解図 4.1** となる。

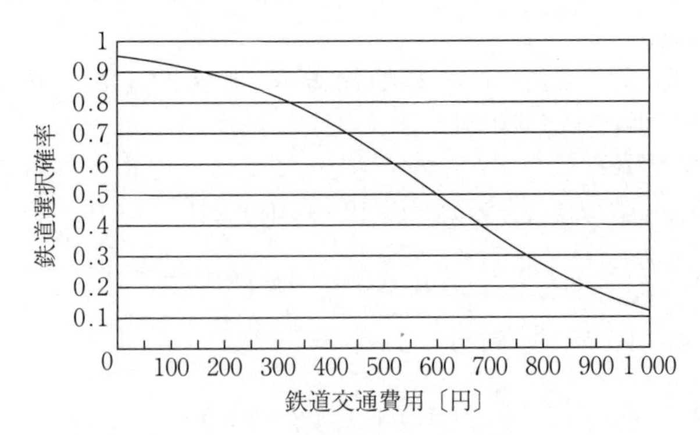

解図 4.1

【2】（1）$V_{car} = -0.05 \times 52 - 0.24 = -2.84$，$V_{pub} = -0.05 \times 4 = -0.2$

$$P_{car} = \frac{\exp(-2.84)}{\exp(-2.84)+\exp(-0.2)} = 0.07,$$

$$P_{pub} = \frac{\exp(-0.2)}{\exp(-2.84)+\exp(-0.2)} = 0.93$$

（2）自動車：5/8＝0.63，公共交通：3/8＝0.37

（3）各交通機関の選択確率は**解表 4.1** となる。

（4）自動車の平均所要時間：39.3 分，公共交通の平均所要時間：49.0 分

$V_{car} = -0.05 \times 39.3 - 0.24 = -2.21$,

$V_{pub} = -0.05 \times 49.0 = -2.45$

$$P_{car} = \frac{\exp(-2.21)}{\exp(-2.21)+\exp(-2.45)} = 0.56,$$

$$P_{pub} = \frac{\exp(-2.45)}{\exp(-2.21)+\exp(-2.45)} = 0.44$$

解表 4.1

個人番号	自動車	公共交通
1	0.067	0.933
2	0.955	0.045
3	0.713	0.287
4	0.080	0.920
5	0.723	0.277
6	0.918	0.082
7	0.169	0.831
8	0.788	0.212
平均	0.552	0.448

【3】（1）2013 年：535/500＝1.07　　10 %－7 %＝3 %（生産性向上率）

2018 年：562/535＝1.05　　10 %－5 %＝5 %

2018 年のほうが生産性向上率が大きいため，規制が厳しい。

（2）562×1.08＝607 円

【4】（1）$MC_1 = q+5$，$MC_2 = q/2+2$

（2）企業 1：$(q, p) = (2, 7)$，企業 2：$(q, p) = (6, 5)$

（3）企業 1 の限界費用関数は企業 2 と比較して上方に位置するため，企業 1。

（4）$(q, p)=(6, 5)$ であるため，総費用：$(q/2+5)\cdot q=48$，収入：$p\cdot q=30$，利潤：-18，インセンティブ：赤字解消のために費用削減努力を行う。

（5）$(q, p)=(2, 7)$ であるため，総費用：$(q/4+2)\cdot q=5$，収入：$p\cdot q=14$，利潤：9，インセンティブ：いっそうの利潤獲得のため努力する。

【5】（1）リンク 1→リンク 3，リンク 2→リンク 3

（2）OD ペア（①,②），（①,③），（②,③）：3　（3）OD ペア（①,②），（①,③）

【6】（1）7 通り

（2）**解図 4.2** となる。

（3）パス 1　交通量：3，
　　　　　所要時間：4，
　　パス 2　交通量：0，
　　　　　所要時間：4
　　パス 3　交通量：4，
　　　　　所要時間：4

（4）パス 1　交通量：5，
　　　　　所要時間：6，
　　パス 2　交通量：3，所要時間：6
　　パス 3　交通量：8，所要時間：6

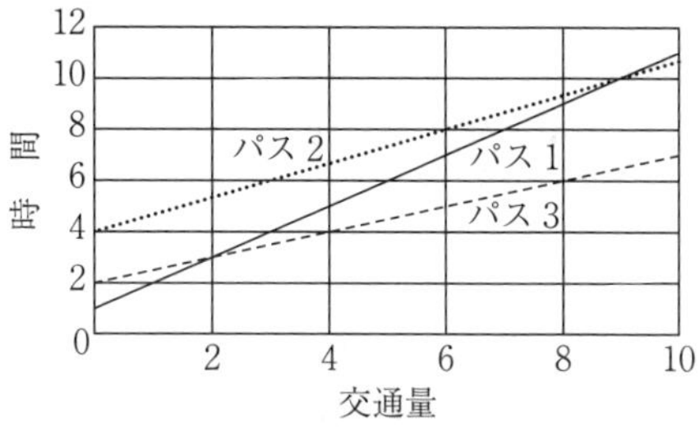

解図 4.2

【7】（1）$5+\dfrac{x_1}{400}=10+\dfrac{x_2}{200}$，$x_1+x_2=8\,000$ より，$x_1=6\,000$，$x_2=2\,000$

（2）（1）より $x_1=6\,000$，$t_1=20$，$x_2=2\,000$，$t_2=20$

また，$x_3=8\,000+4\,000=12\,000$，$t_3=6+\dfrac{12\,000}{500}=30$

（3）$x_3=12\,000-4\,000/2=10\,000$，$t_3=6+\dfrac{10\,000}{500}=26$

（4）①→②：$8\,000\times 20=160\,000$〔分〕，②→③：$10\,000\times 26=260\,000$〔分〕

道路計：420 000〔分〕→ 7 000〔時間〕

BRT：$2\,000\times 15=30\,000$〔分〕$=500$〔時間〕

（5）導入なし：$8\,000\times 20+12\,000\times 30=520\,000$〔分〕

導入あり：$420\,000+30\,000=450\,000$〔分〕

社会的便益：$70\,000\times 50=3\,500\,000$，したがって 350〔万円/日〕

【8】（1）$p=\dfrac{q}{40}+600$　（2）$\dfrac{d}{dq}\left(\dfrac{q}{40}+600\right)q=\dfrac{q}{20}+600$

（3）$-\dfrac{dq/q}{dp/p}=\dfrac{5}{12}$ より，$-\dfrac{dq}{dp}=\dfrac{5}{12}\cdot\dfrac{36\,000}{1\,500}=10$

需要均衡点を通るため $q=-10p+51\,000$

（4）三角形の面積で求められるため，$\frac{1}{2}(2\,400-1\,500)(36\,000-30\,000)=2\,700\,000$

（5）$2\,100-1\,350=750$　（6）$30\,000$　（7）$750\times 30\,000=22\,500\,000$

（8）市場均衡時の消費者余剰：$\frac{1}{2}\times 36\,000\times(5\,100-1\,500)=64\,800\,000$

混雑料金課金時の消費者余剰：$\frac{1}{2}\times 30\,000\times(5\,100-2\,100)=45\,000\,000$

したがって，消費者余剰の減少分は，19 800 000

【9】（1）$1+2x_1=14-q$ より $x_1=6.5-0.5q$，$3+x_2=14-q$ より $x_2=11-q$

（2）$x_1+x_2=q$ より $q=7$

（3）（1）の結果に $q=7$ を代入して，$x_1=3$，$x_2=4$

（4）リンク1：$\frac{d}{dx_1}(1+2x_1)x_1=1+4x_1$，リンク2：$\frac{d}{dx_2}(3+x_2)x_2=3+2x_2$

（5）システム最適配分では，各リンク交通量は $x_1=2$，$x_2=3$ であるため

リンク1の課金額：$(1+4x_1)-(1+2x_1)=2x_1=4$，

リンク2の課金額：$(3+2x_2)-(3+x_2)=x_2=3$

【10】（1）$\min z(x_1, x_2, q)=(2x_1+0.5x_1^2)+(x_2+x_2^2)-(10q-0.5q^2)$，

s.t.　$x_1+x_2=q$，x_1，x_2，$q\geqq 0$ を，この3変数の非線形計画問題をソルバーで解く（**解図4.3**）。$(x_1, x_2, q)=(3, 2, 5)$

（2）$\min z(x_1, x_2, q)=(2x_1+x_1^2)+(x_2+2x_2^2)-(10q-0.5q^2)$，

s.t.　$x_1+x_2=q$，$x_1, x_2, q\geqq 0$ を，この3変数の非線形計画問題をソルバーで解く。$(x_1, x_2, q)=(2.21, 1.36, 3.57)$

	A	B	C	D
1	x1	x2	q	
2	3	2	5	
3	10.5	6	37.5	-21
4				

解図4.3

索　　引

【あ】

鞍点定理　14

【い】

一般均衡　57
一般均衡分析　28, 57
遺伝的アルゴリズム　10

【う】

有無比較法　66

【え】

影　響　68
営業係数　79
エッジワースの
　ボックスダイアグラム　58

【か】

外部経済　51
外部効果　51
外部不経済　51, 135
　——の内部化　55
価格受容者　41
価格設定者　41
価格弾力性　36
下級財　33
確定項　123
確率効用理論　122
仮説市場法　99
寡　占　56
数え上げ法　132
活　性　6
可変費用　43
間接効果　68
間接効用関数　36
完全競争　41
完全競争市場　48
完全情報ゲーム　11
完備情報ゲーム　12
緩和問題　4

【き】

帰結主義　106
起終点交通量　144
技術的外部効果　51
基数的効用分析　29
規模の経済　138
キャピタリゼーション仮説　95
供給曲線　45, 134
共有知識　12
協　力　16
協力ゲーム　11
均衡価格　47
近似法　133
金銭的外部効果　51

【く】

組合せ最適化問題　2
クモの巣課程　48
黒字転換年　79

【け】

経済財　26
経済的純現在価値　75
経済的内部収益率　76
経済波及効果　68
契約曲線　59
経　路　145
ゲーム理論　10
限界効用　30
限界効用逓減の法則　31
限界効用比　98
限界生産性　42
限界生産物価値　42
限界生産力　40
限界生産力逓減の法則　40
限界代替率　32, 98
限界費用　44
限界費用価格形成　156
限界費用曲線　134
限界便益　50
顕在化した選好　133
現在価値換算　75
限定操作　5

【こ】

効　果　68
公共財　49, 134
交差価格弾力性　36
厚生経済学の第 1 定理　60
　——の第 2 定理　61
公正妥当主義　140
公正報酬率原則　140
交通一般化価格　70
交通行動　122
勾配ベクトル　126
公平性　27, 107
効　用　27
効用可能曲線　60
効用関数　29
効用最大化　33
効用最大化行動　69
効用水準　69
効率性　27, 107
合理的　27
合理的行動　28
誤差項　123
コースの定理　56
固定費用　43
混合戦略　11, 17
混雑料金　154

【さ】

財　26
最小受取額　71, 100
最大支払い意思額　72, 100
最適戦略　18
最適保証水準　18
財務諸表　77
財務的純現在価値　78
財務的内部収益率　78
サービス　26, 134
最尤推定法　126
暫定解　6

【し】

死荷重　57
時間選好率　74
事業効果　68
資金運用表　77
自己価格弾力性　36
死重損失　57, 156
支出関数　37
支出最小化　34
支出収入比　79
支出水準　70, 97
市　場　27
　——の失敗　49, 134
市場均衡点　47
システム最適状態　156
施設効果　68
自然独占　138
次善料金　161
私的限界費用　54
私的財　49
支配戦略　12
支払い意思額　51
社会的限界費用　54, 154
社会的厚生関数　108
社会的ジレンマ　16
社会的余剰　53
社会的割引率　75
集計化問題　132
自由財　26
囚人のジレンマ　15
終　端　5
収　入　41
需要関数　35, 70
需要変動　150
需要変動型システム
　最適配分　157
巡回セールスマン問題　9
準公共財　50
純粋交換モデル　58
純粋公共財　49
純粋戦略　11, 17
上級財　33
消費可能領域　32
消費者余剰　53, 83, 86, 156
序数効用　29
所得効果　39

【す】

数理計画問題　170

【せ】

正規分布　123
生産関数　40
生産者余剰　53, 156
生産費用　41
生産要素　40
整数計画問題　2
積分法　133
ゼロ和　11
線形計画問題　2
線形効用関数　123
前後比較法　66
潜在的な選好　133
選択肢　122
セントロイド　144
戦　略　11

【そ】

操業停止点　45
総生産性　42
総生産費用　154
損益計算書　77
損益分岐点　45, 79

【た】

貸借対照表　77
代替効果　39

【ち】

地域比較法　66
地　価　96
地　代　96
中間ノード　144
中級財　33
超過供給　47
直接効果　68

【つ】

通常（マーシャル）の
　需要関数　85

【と】

等価的偏差　71
等価な数理計画問題　149
等時間原則　147
投　入　40
等量消費性　49
独　占　56

【な】

ナッシュ型社会的厚生関数
　113
ナッシュ均衡　14
ナッシュ均衡点　12
ナップサック問題　3

【に】

ニュートン・ラプソン法
　126

【は】

バイアス　134
排除不可能性　49
破壊的競争　138
派生的需要　134

パレート改善　54, 59
パレート最適　16, 54, 59, 134
パレート優位　15

【ひ】

非帰結主義　106
非競合性　49
非協力ゲーム　11
ピグー税　55
非市場財　89
非ゼロ和　11
非線形計画法　28
非線形計画問題　2
費用関数　43
費用積上げ方式　140
費用便益比　76

【ふ】

深さ優先探索　8
不完全競争　41, 56
不完全競争市場　49
不完全情報ゲーム　12
不完備情報ゲーム　12
複　占　56
部分均衡　56
部分均衡分析　28, 57
部分問題　5
プライスキャップ方式　141
プレーヤー二人のゲーム　17
プロジェクト評価　66
プロビットモデル　123
分枝限定法　5
分枝操作　5
分類法　133

【へ】

平均生産性　42
平均値法　133
平均費用　44, 154
ヘッセ行列　126
ヘドニック価格法　95
便　益　68
便益帰着構成表　80
ベンサム型社会的厚生関数　109

【ほ】

補償需要関数　37, 84
補償所得　38
保証水準　14
補償的偏差　72
本源的需要　134

【ま】

マーシャル安定　48
マックスミン戦略　14
マッケンジーの補題　169

【み】

ミニマックス原理　14
ミニマックス戦略　14
ミニマックス定理　18

【む】

無差別曲線　31

【や】

ヤードスティック方式　142

【ゆ】

尤　度　125
尤度比指標　131

【よ】

予算制約　32
予算線　32

【り】

離散最適化問題　2
離散選択　122
利　潤　41, 143
　——の最大化　41
利　得　11
利得行列　11
利用者均衡　145
利用者便益　83
旅行費用法　89
リンクパフォーマンス関数　143

【れ】

列挙法　4
レートベース方式　140
連続緩和問題　4
連続ナップサック問題　3

【ろ】

ロアの恒等式　90, 167
ロジットモデル　123
ロピタルの定理　111
ロールズ型社会的厚生関数　114

【わ】

ワルラス安定　48

【A】

AC　44
AP　42

【B】

BPR　144

【C】

CBR　76
CES 関数　109

CS　53, 86
CV　72
CVM　99

【E】

EIRR　76
ENPV　75
EV　71
EXCEL ソルバー　170

【F】

FIRR　78
FNPV　78

【I】

IIA 特性　131

【L】

LAC　136
LMC　137
LP　2
LTC　136

【M】

MC　44
MP　43
MRS　32

【N】

NLP　2, 28
NP 困難性　10

【O】

OD 交通量　145

【S】

SAC　136
SMC　137, 154
SO　156
SP 調査　133
SS　53
STC　136

【T】

TCM　89
TP　42
TSP　9

【U】

UE　145

【W】

Wardrop の第 1 原則　147
WTA　71, 100
WTP　72, 100

—— 編著者・著者略歴 ——

秋山　孝正（あきやま　たかまさ）
1981年　京都大学工学部交通土木工学科卒業
1983年　京都大学大学院工学研究科修士課程修了（交通土木工学専攻）
1983年　京都大学助手
1989年　工学博士（京都大学）
1990年　京都大学講師
1992年　ロンドン大学文部省在外研究員
1994年　岐阜大学助教授
1998年　岐阜大学教授
2008年　関西大学教授
現在に至る

奥嶋　政嗣（おくしま　まさし）
1992年　京都大学工学部交通土木工学科卒業
1994年　京都大学大学院工学研究科修士課程修了（応用システム科学専攻）
1994年　株式会社日本総合研究所勤務
2002年　岐阜大学助手
2005年　博士（工学）（京都大学）
2007年　岐阜大学助教
2008年　徳島大学准教授
現在に至る

武藤　慎一（むとう　しんいち）
1994年　岐阜大学工学部土木工学科卒業
1996年　岐阜大学大学院工学研究科博士前期課程修了（土木工学専攻）
1999年　岐阜大学大学院工学研究科博士後期課程修了（生産開発システム工学専攻）
博士（工学）
1999年　岐阜大学助手
2002年　大阪工業大学講師
2006年　山梨大学助教授
2007年　山梨大学准教授
現在に至る

井ノ口　弘昭（いのくち　ひろあき）
1994年　豊田工業高等専門学校土木工学科卒業
1996年　豊橋技術科学大学工学部知識情報工学課程卒業
1998年　名古屋大学大学院工学研究科博士前期課程修了（地圏環境工学専攻）
2001年　名古屋大学大学院工学研究科博士後期課程修了（土木工学専攻）
博士（工学）
2001年　関西大学助手
2007年　関西大学助教
2013年　関西大学准教授
現在に至る

すぐわかる応用計画数学

Quick Master of Applied Mathematical Techniques for Planning

© Akiyama, Okushima, Muto, Inokuchi 2018

2018年1月18日 初版第1刷発行 ★

検印省略

編著者	秋山 孝正	
著 者	奥嶋 政嗣	
	武藤 慎一	
	井ノ口 弘昭	
発行者	株式会社 コロナ社	
	代表者 牛来真也	
印刷所	新日本印刷株式会社	
製本所	有限会社 愛千製本所	

112-0011 東京都文京区千石 4-46-10

発行所 株式会社 コロナ社

CORONA PUBLISHING CO., LTD.

Tokyo Japan

振替00140-8-14844・電話(03)3941-3131(代)

ホームページ http://www.coronasha.co.jp

ISBN 978-4-339-02879-9 C3051 Printed in Japan (中原)

JCOPY <出版者著作権管理機構 委託出版物>

本書の無断複製は著作権法上での例外を除き禁じられています。複製される場合は，そのつど事前に，出版者著作権管理機構（電話 03-3513-6969，FAX 03-3513-6979，e-mail: info@jcopy.or.jp）の許諾を得てください。

本書のコピー，スキャン，デジタル化等の無断複製・転載は著作権法上での例外を除き禁じられています。購入者以外の第三者による本書の電子データ化及び電子書籍化は，いかなる場合も認めていません。

落丁・乱丁はお取替えいたします。